中国航天简史

ZHONG GUO HANG TIAN JIAN SHI

刘登锐 田如森 杨利伟 主编

中国宇航出版社
·北京·

图书在版编目（CIP）数据

中国航天简史 /刘登锐，田如森，杨利伟主编.--北京：中国宇航出版社，2024.4（2025.1重印）

ISBN 978-7-5159-2380-2

Ⅰ. ①中… Ⅱ. ①刘… ②田… ③杨… Ⅲ. ①航天－技术史－中国 Ⅳ. ①V4-092

中国国家版本馆CIP数据核字(2024)第084113号

版式设计　徐文良

责任编辑　赵宏颖　　封面设计　廖果同　周已翔

出版发行　中国宇航出版社

社址　北京市阜成路8号　邮编　100030

（010）68768548

网址　www.caphbook.com

经销　新华书店

发行部　（010）68767386　（010）68371900

（010）68767382　（010）88100613（传真）

零售店　读者服务部　（010）68371105

承印　北京厚诚则铭印刷科技有限公司

版次　2024年4月 第1版

2025年1月 第2次印刷

规格　787×1092

开本　1/16

印张　14.5

字数　368千字

书号　ISBN 978-7-5159-2380-2

定价　120.00元

本书编委会

主　编　刘登锐　田如森　杨利伟

副主编　刘朝新　孙柏原　毛宏伟

编　委　申行运　钱　俊　薛　滔　韩秋歌

王金平　金　声　刘子龙

中国航天简史

序

神箭腾飞，卫星巡天，神舟遨游，嫦娥奔月，天宫升起，初探火星，中国航天在世界上崛起，在太空占有了一席之地。

自 1956 年研究火箭、导弹起步，中国航天经历了发射人造卫星、载人航天、月球探测和火星探测三个具有里程碑意义的发展阶段，走过了 67 年艰难而辉煌的历程，取得了举世瞩目的成就。经过半个多世纪的艰苦奋斗，拼搏努力，中国实现了千年飞天梦想。中国航天事业的创新、跨越发展，壮国威、振民心，成为国家兴旺发达的象征和缩影，在实现中华民族伟大复兴的征程上奏响了一曲壮丽的乐章。我们航天人为之骄傲和自豪。

太空礼赞，飞越苍穹。中国航天 67 年走过一条自力更生、自主创新和开放发展的道路，孕育、积淀了深厚博大的航天精神。这本由航天工作者编写的《中国航天简史》，比较准确、全面地梳理了中国航天 67 年发展的物质成果和精神成果，真实地反映了中国航天事业发展壮大的面貌。

书中记录了中国航天人不断创新、奋勇攀登的奋斗足迹和开放发展的历程，将会激励我们铭记历史，传承精神，在由航天大国迈向航天强国的征程中书写中国航天的新篇章。

习近平总书记指出：“探索浩瀚宇宙，发展航天事业，建设航天强国，是我们不懈追求的航天梦。”我们深知，中国航天任重道远，使命光荣。我们坚信，新一代航天人有志气、有能力攀登航天科技的新高峰，创造中国航天的新辉煌，加快建设航天强国的步伐，为国家发展大局、和平开发利用太空、增进人类福祉作出新的成就，为实现建成科技强国的目标提供有力支撑，作出新的贡献。

本书主编刘登锐同志已退休多年，但满怀老航天人热爱航天、关心航天的情怀，组织同事搜集资料，精心编著，以此书来纪念和庆祝中国航天创建 67 周年。从他们身上我看到了中国航天人的精神，他们是我们的榜样。

王礼恒

CZ-3B

前 言

中华民族自古就有飞天的向往和憧憬。有嫦娥奔月、夸父逐日、孙悟空大闹天宫的神话，有万户试图乘火箭升空的壮举，这些无不寄托着我们飞天的梦想。

20世纪50年代中期，随着现代航天科技的兴起，中国开始向太空进军，经过半个多世纪的建设和发展，梦想变成了现实。长剑倚天、卫星遨游、神舟飞驰、嫦娥奔月，中国在航天科技的一些重要领域跻身于国际先进国家行列，在国际舞台上占据了一席之地。

我国发展航天事业，是党和国家为推动我国科技事业发展，增强我国经济实力、科技实力、国防实力和民族凝聚力而做出的一项强国兴邦的战略决策。在中共中央、国务院、中央军委的正确领导下，在党和国家几代领导人的亲切关怀下，在全国各地区、各部门的大力协同和全国人民的全力支持下，我国航天事业自1956年创建，已走过了半个多世纪波澜壮阔、光辉灿烂的历程，开辟出了一条适合我国国情和自身特点的发展道路，建立起了完整配套的航天科技工业体系，取得了以“两弹一星”、载人航天和月球探测为标志的辉煌成就，为我国的经济建设和国防建设作出了重要贡献。

我国航天事业经过几代航天人的不懈努力，从无到有，从小到大，从弱到强，经历了艰苦创业、配套发展、改革振兴、走向世界、辉煌跨越等五个历史阶段，形成了完整配套的型号研究、设计、试制、生产和飞行试验体系，建立了设备齐全，能发射各类人造卫星、载人飞船、空间探测器的航天发射中心和测控网，建立了全国范围内的科研生产协作网和质量保障体系，具备了航天系统工程决策能力，拥有了一套成功的管理经验，培育了一支思想素质好、作风过硬、技术精湛的航天科技队伍和产业大军，达到了一定规模和水平。

中国航天在火箭导弹、空间技术、空间应用、空间科学四个领域取得的巨大发展，有力地促进了国家经济建设、国防建设和科技进步，成为国家综合国力不断提高、社会主义现代化建设兴旺发达的一个重要标志。我国航天科技工业在导弹武器装备、运载火箭系列、卫星及其应用、载人航天工程、月球探测活动等领域，都取得了举世瞩目的成就。

东风-16中近程弹道导弹

巨浪潜射导弹

红旗-2B地空导弹

导弹武器装备 我国导弹武器从仿制开始，完成了由仿制试验向独立研制生产的过渡，并拥有了具有自主知识产权的新一代导弹武器。经过半个多世纪的发展，战略战术地地导弹、防空导弹、海防导弹已形成配套比较完整的武器装备系列，使我国拥有了有效的战略威慑力量和防御反击手段，具有了不同发射方式、攻击不同空域的防空能力，以及抗登陆、封锁重要海域和近海作战的能力。在 2009 年庆祝中华人民共和国成立 60 周年、2015 年纪念中国人民抗日战争暨世界反法西斯战争胜利 70 周年和 2019 年庆祝中华人民共和国成立 70 周年的阅兵式上，就有海军的海鹰、鹰击各个型号的舰空、岸舰、反舰导弹方队，空军的红旗、红缨各个型号的防空导弹方队，第二炮兵的常规战术地地导弹方队、中远程常规地地导弹方队、陆基巡航导弹方队和洲际导弹方队参加阅兵典礼，展示了我国导弹装备的威武雄姿。我国研制的各类导弹武器成为保卫国家安全、维护世界和平的重要力量。

庆祝中国人民解放军建军90周年内蒙古朱日和大阅兵

运载火箭系列 运载火箭是发展空间技术的基础，是衡量一个国家进入空间活动能力和水平的标志。我国已经拥有了研制生产并发射近地轨道、太阳同步轨道、地球同步转移轨道和月球转移轨道运载火箭的能力，从使用常温液体推进剂发展到低温高能推进剂，从使用液体推进剂发展到固体推进剂，从串联式火箭发展到捆绑式火箭，从单星发射发展到一箭多星发射，从发射人造卫星载荷的火箭发展到高可靠性载人飞船的火箭，局部实现了系列化、组合化、模块化，在低温高能发动机技术、一箭多星技术、火箭捆绑技术、静止轨道卫星发射与测控技术、载人飞船发射技术等领域达到了世界先进水平。

我国已研制成功五大型谱 19 种“长征”系列运载火箭，此外还使用过风暴一号运载火箭和快舟一号运载火箭等。新一代长征系列运载火箭的近地轨道运载能力达 9500 千克，太阳同步轨道运载能力达 6100 千克，地球同步转移轨道运载能力达 5100 千克。2016 年 11 月 3 日首飞成功的新一代大型运载火箭长征五号，其近地轨道运载能力达到 25 吨、地球同步转移轨道运载能力达到 14 吨，运载能力进入国际先进行列。截至 2022 年 12 月，长征系列运载火箭共创造 458 次发射纪录，不仅发射各种国产卫星、载人飞船、货运飞船、空间站舱段和月球探测器、火星探测器，还发射了美、欧制造的大型商用通信卫星，进入了国际卫星发射服务市场。“长征”系列运载火箭在总体性能、入轨精度、运载能力、发射成功率等方面都达到了新的高度。

长征二号F运载火箭

导航卫星组网运行图

卫星及其应用 人造卫星为人类开发利用空间资源开辟了广阔前景。截至 2022 年 12 月，我国已独立研制并发射成功 16 种不同用途的人造卫星 500 多颗，现在轨卫星约 300 颗，实现了系列化、平台化，形成了返回式遥感卫星、“东方红”通信广播卫星、“风云”气象卫星、“资源”地球资源卫星、“北斗”导航定位卫星、海洋卫星、环境监测卫星、“高分”对地观测卫星和“实践”“遥感”等科学探测试验卫星系列，同时还发射成功“悟空”号、“墨子”号、“慧眼”号等空间科学实验卫星。这些卫星广泛应用于国家经济建设、科教文化、国防建设的各个领域，并取得了显著的社会效益和经济效益。

我国是世界上第五个独立研制和发射人造卫星的国家，第五个研制和发射地球静止轨道通信卫星的国家，第三个同时拥有太阳同步轨道和地球静止轨道气象卫星的国家，第四个研制和发射地球资源卫星的国家，第三个实现全球卫星导航定位系统的国家。我国在卫星回收技术、轨道控制技术、姿态控制技术等领域已跻身于世界先进行列。发射人造卫星是我国航天事业发展的第一座里程碑。

载人航天工程 我国从 1992 年开始实施载人航天工程。经过 7 年的努力奋战，建成了航天员、运载火箭、载人飞船、测控通信、空间应用、发射场、着陆场七个系统。1999 年至 2022 年，发射成功 15 艘神舟飞船、5 艘天舟货运飞船、1 个目标飞行器、1 个空间实验室、1 个空间站核心舱和 2 个空间站实验舱，成功建成了中国人的载人空间站。其中包括 4 次不载人试验飞行、1 次不载人空间交会对接飞行、10 次载人飞行和 5 次太空货运飞行。

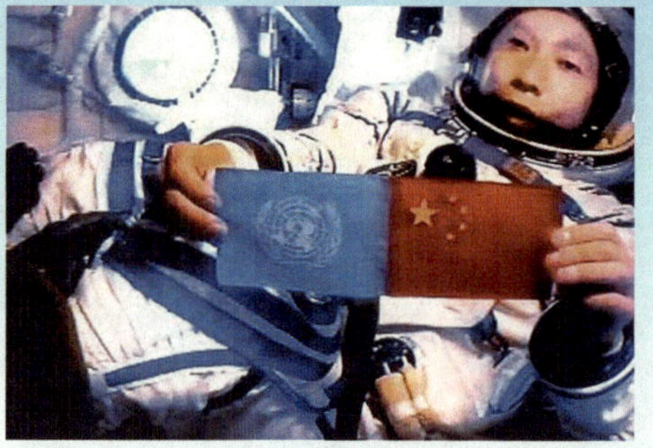

中国首位航天员杨利伟在太空

2003 年 10 月，我国第一艘载人飞船神舟五号把航天员杨利伟送上太空，实现了中华民族的千年飞天梦想。2005 年 10 月，神舟六号飞船将 2 名航天员送到太空进行了为期 5 天的飞行，完成真正意义上有人参与的空间实验活动。2008 年 9 月，神舟七号飞船把 3 名航天员送上太空，航天员翟志刚完成首次出舱活动。2011 年 11 月，神舟八号无人飞船与天宫一号目标飞行器在太空轨道上首次实现自动交会对接。2012 年 6 月 16 日，神舟九号飞船载 3 名航天员升空，与天宫一号目标飞行器交会对接，圆满完成首次载人交会对接应用性飞行任务。2013 年 6 月 11 日，神舟十号飞船载 3 名航天员升空，与天宫一号目标飞行器实现自动和手动交会对接，并开展了太空授课和一系列太空实验活动。2016 年 10 月 17 日，神舟十一号飞船载 2 名航天员升空，10 月 19 日与在轨飞行 1 个多月的天宫二号空间实验室自动交会对接，航天员景海鹏、陈冬进入天宫二号开始为期 30 天的中期太空驻留，这次飞行为建立空间站奠定了技术基础。2021 年 4 月 29 日，天和核心舱升空入轨。2021 年 5 月至 2022 年 5 月先后发射天舟二号、天舟三号、天舟四号货运飞船，2021 年 6 月至 2022 年 6 月先后发射神舟十二号、神舟十三号、神舟十四号载人飞船，中国成为世

中国航天员翟志刚首次出舱

界上第三个依靠自己的力量实现载人航天飞行、进行太空行走和攻克航天器空间交会对接技术的国家。2022 年 7 月 24 日至 10 月 31 日先后成功发射问天实验舱和梦天试验舱，与在轨飞行的天和核心舱成功对接，构成了中国空间站，中国成为世界上第三个独立建设载人空间站的国家。载人航天飞行，是我国航天事业发展的第二座里程碑。

月球探测活动　2004 年启动名为“嫦娥工程”的月球探测计划，开展以月球探测为起点的深空探测活动。嫦娥工程分绕、落、回三步实施。第一步研究发射月球探测卫星，进行绕月探测。2007 年 10 月，嫦娥一号月球探测卫星从西昌卫星发射中心启程，经过调相轨道多次加速后，奔向月球。11 月 20 日，嫦娥一号传回第一幅月面图像，中华民族的千年奔月梦想得以初步实现。2010 年 10 月，嫦娥二号月球探测卫星发射，直飞地月转移轨道，从月球轨道上发回拍摄的月球虹湾的高分辨率图像，第二次探月任务取得圆满成功。2013 年 12 月 2 日，嫦娥三号月球探测器起飞，14 日在月球虹湾软着陆，玉兔号月球车顺利开展月面探测和巡视勘查，探月工程第二期“落”月任务取得圆满成功。2014 年 10 月 24 日，探月工程三期嫦娥五号再入返回飞行试验器发射成功，在完成 7 天的飞行任务后返回舱完好地降落到预定着陆场。这次飞行试验的成功，标志着我国已突破和掌握航天器以接近第二宇宙速度的高速再入返回关键技术，为实现第三期探月采样后返回地球打下了坚实基础。2018 年 12 月 8 日，嫦娥四号月球探测器发射升空，在月球背面软着陆，并进行科学考察活动。人类首次揭开月球背面的神秘面纱。2020 年 11 月 24 日，嫦娥五号探测器发射升空并飞往月球，经过 23 天的登月考察，采集了 1731 克月壤样品，于 12 月 17 日安全返回地球，圆满完成了探月工程“绕、落、回”三步走任务。探测月球，作为我国深空探测的起步，是我国航天事业发展史上的第三座里程碑。2020 年 7 月 23 日，我国发射天问一号火星探测器，成功实现探测器在火星表面的软着陆，执行首次火星探测任务，揭开了火星探测的帷幕。习近平总书记指出：“天问一号探测器着陆火星，迈出了我国星际探测征程的重要一步，实现了从地月系到行星际的跨越，在火星上首次留下中国人的印迹，这是我国航天事业发展的又一具有里程碑意义的进展。”

长征三号乙运载火箭成功发射
嫦娥四号月球探测器

我国航天事业的崛起，促进了国民经济和社会的持续发展，带动了科学技术的全面进步，增强了国防实力，提高了国家的综合国力和国际地位。中国人民有志气、有能力攀登世界航天科技高峰，屹立于世界民族之林。

CONTENTS
目录

第一章　艰苦创业

科研人员用简陋设备攻克技术难关

东风一号导弹吊装

东风二号导弹在发射场

1956 年 10 月 8 日，我国建立第一个火箭、导弹研究机构——国防部第五研究院（以下简称“国防部五院”），在钱学森院长的带领下，调集 30 多名专家和 143 名大学毕业生，艰苦奋斗，奋发图强，开始建设导弹总体及发动机研制、控制导引系统研制、火箭发动机试验、空气动力等四项工程和导弹试验靶场，初步建立起火箭研制和试验基地，奠定了航天事业发展的基础。

1958 年，中国科学院组建人造卫星研究院——第一设计院，其最初的任务是研制卫星的运载工具。后第一设计院从北京迁往上海，更名为上海机电设计院，1963 年划归国防部五院建制，开始研制探空火箭，纳入中国航天创业发展的轨道。

这一阶段的标志性成果是：1960 年 2 月 19 日，中国第一枚探空火箭 T-7M 发射成功；1960 年 11 月 5 日，中国仿制的 1059（东风一号）近程地地导弹发射成功；1964 年 6 月 29 日，中国自主研制的东风二号中近程地地导弹发射成功。我国的航天产品走上了从仿制到独立研制的道路。

创建航天事业的决策

钱学森

中华人民共和国成立后，世界已经进入了原子能时代和喷气时代。我国的最高领导人酝酿着发展尖端技术，考虑聚集人才发展原子弹和导弹的问题。

1953 年春，毛泽东问周恩来：“在原子弹和火箭研制方面，我们的人才如何？”周恩来回答说：“我们有这方面的人才优势。在原子能方面，已经有钱三强等几位科学家从国外归来……他们可以开展这方面的工作。在火箭方面，有一位在美国著名科学家冯·卡门博士门下工作过的专家钱学森教授，我们正在通过各种途径，争取他早日回国。”在周恩来的精心安排下，经过艰苦斗争，钱学森终于摆脱美国的羁绊，于 1955 年 10 月 8 日从大洋彼岸回到祖国的怀抱，这为中央决策研制发展导弹提供了人才条件。

1956 年 2 月，在全国政协二届二次会议的招待会上，毛泽东接见钱学森，谈到我国在火箭等新兴科学技术方面赶上世界先进水平的问题。毛泽东问道：“从现在起，我们抓紧时间，埋头苦干，争取在第三个五年计划末期，使我国的原子能、火箭等最急需的科学技术接近世界先进水平，能不能做到？”钱学森答道：“只要计划周密，工作努力，是可以实现的。”周恩来接着说：“钱学森是对的，新中国潜藏着巨大的创造力量，只要把各方面的力量和积极因素都调动起来，是会创造奇迹的。”在钱学森回国后的一段时间里，陈赓大将和彭德怀、陈毅、叶剑英元帅，先后接见钱学森并征询他对中国研制火箭、导弹的意见。1955 年 12 月 25 日，钱学森到哈尔滨军事工程学院参观时，陈赓向他询问：“中国人搞导弹行不行？”钱学森答道：“外国人能搞的难道中国人就不能搞？中国人比他们矮一截？”陈赓听了非常高兴地说：“我就要你这句话！”后来，钱学森对彭德怀、聂荣臻等也表示中国完全能搞火箭导弹。1956 年 2 月 12 日，周恩来接见钱学森时，就谈到国内研制火箭导弹的设想，并嘱咐聂荣臻元帅给予钱学森很好的照顾和安排，直接委托钱学森对我国发展火箭、导弹事业提出具体实施方案。

1956年2月17日，钱学森按照周恩来的要求，向国务院提交了《建立我国国防航空工业意见书》。在这份意见书中，不仅对研制火箭、导弹的组织机构、发展规划和具体步骤提出了建议，而且还列出了一个调集任新民、梁守槃、庄逢甘等21位科技专家的名单。周恩来审阅后即将这份意见书报送毛泽东。1956年2月22日晚，在毛泽东住处召开会议研究原子能工业问题，同时讨论了钱学森的这份意见书和研制火箭、导弹的工作。

1956年3月14日，周恩来主持召开中央军委扩大会议，听取钱学森关于发展火箭技术的设想和规划。同时决定成立国防部航空工业委员会，统一领导火箭发展工作。会议决定，聂荣臻任航空工业委员会主任，黄克诚、赵尔陆任副主任，钱学森等人任委员。同年，国务院成立国家科学规划委员会，钱学森任综合组组长，主持完成《1956—1967年科学技术发展远景规划纲要》中第37项“喷气和火箭技术的建立”，提出在几年内使“火箭技术走上独立发展的道路并接近世界先进的科学技术水平”。

1956年5月10日，国务院副总理兼国防部航空工业委员会主任聂荣臻向国务院、中央军委报送了《关于建立我国导弹研究工作的初步意见》，提出必须立即开始导弹技术的研究、制造和技术干部的培养工作。1956年5月26日，周恩来主持中央军委会议，讨论通过了《关于建立我国导弹研究工作的初步意见》，作出了发展导弹工业的决定，并同意在航空工业委员会设立导弹管理局和导弹研究院，筹备导弹的研制发展工作。周恩来指出：“中国发展导弹不能等待一切条件都具备了才开始进行研究工作，而应当采取集中力量、突破一点的方针，尽快开展导弹的研制工作。”中央慎重、果断决策，拉开了我国航天事业发展的序幕。

钱学森与科技人员交流

组建火箭研制机构和队伍

工作中的钱学森

1986年6月6日，在筹备纪念我国航天事业创建30周年的时候，钱学森激动地回忆说："我们航天工业部、七机部、老五院有光荣的历史。这个历史正式开始是1956年10月8日。那天下午，在车道沟借来的一个医院开大会，聂总（聂荣臻）亲临大会，宣布国防部第五研究院正式成立！这一天啊，大家记住啊！这在中国历史上是一件大事啊！大家要记住，老人要记住，也要让后来人知道，这是很重要的事情！"

根据《关于建立我国导弹研究工作的初步意见》，中央批准，1956年夏在航空工业委员会下面设立导弹管理局（后称国防部第五局）和导弹研究院（后称国防部第五研究院）。钟夫翔任国防部第五局局长，钱学森任第一副局长兼总工程师，林爽任副局长兼副总工程师。钱学森任国防部第五研究院院长，白学光任副院长。火箭研究机构的住房是从部队接收的两所疗养院和借用的一所医院和三处营房。最初的火箭研制队伍是由从军队和地方抽调的30多位专家和143名应届大学毕业生组成。1956年10月8日，也正是钱学森归国一周年的日子，在北京西郊466医院的食堂召开国防部五院成立大会。聂荣臻出席大会并讲话，他告诫大家："要团结一致，努力学习，掌握导弹技术，毕生致力于我国的导弹事业，并为之作出自己的贡献。"钱学森也讲道："我们不要向困难低头，只要大家认真对待，就没有攀登不上的高峰，就没有克服不了的困难。"

国防部五院成立之后，组建了导弹总体、空气动力、结构强度、发动机、推进剂、控制系统、控制元件、无线电、计算技术、技术物理等十个研究室，分别由任新民、庄逢甘、屠守锷、梁守槃、李乃暨、梁思礼、朱敬仁、冯世章、朱正、吴德雨等专家任室主任或技术负责人。不久，钱文极、蔡金涛、卢庆骏、黄纬禄、吴朔平、郝复俭、李蕴滋、谢光选、徐兰如、姚桐斌、吴中英等专家调入国防部五院，这些专家带领一支只有200多人的科技队伍开始创业。聂荣臻曾说："他们是中国火箭事业的'开国元勋'，现在人手虽少，但只要大家团结一心，艰苦奋斗，中国的火箭、导弹事业，一定会有美好的前景。"

钱学森在基地

钱文极、刘有光、王诤、林爽（从左至右）在苏联

1957 年初精简机构，撤销国防部第五局，并入国防部五院，由钱学森任院长，谷景生任政委，刘秉彦任副院长。1957 年 11 月 16 日，中央决定以国防部五院为总院，在原十个研究室和军事电子科学研究院的基础上组建两个分院，任命钱学森为国防部五院院长兼一分院院长，刘有光为国防部五院政委，王诤为国防部五院副院长兼二分院院长，谷景生为国防部五院副政委兼一分院政委，刘秉彦为国防部五院副院长兼一分院副院长。1959 年后，张钧任一分院政委、刘瑄任一分院院长，董启强任二分院政委，周维、张怀忠先后任二分院院长。一分院负责导弹总体设计和弹体、发动机的研制，二分院负责导弹控制系统的研制。1960 年 3 月，刘亚楼任国防部五院院长，王秉璋、钱学森任副院长。1960 年国家抽调一批技术骨干并分配了 4000 多名大学毕业生到国防部五院工作。1961 年 9 月 1 日成立三分院，郁文任政委、林毅任副院长，三分院起初承担空气动力研究试验、液体火箭发动机研究试验和导弹全弹试车任务。1964 年 4 月 4 日成立四分院，薛伟民任政委、林爽任院长，四分院承担固体火箭发动机与固体推进剂的研制任务。此外，1961 年 8 月 1 日上海市第二机电工业局成立，肖卡任局长、艾丁任党委书记。上海市第二机电工业局与北京搬迁去上海的几个研究所及部分科技人员，组建了上海导弹研制基地。至此，在钱学森的率领下，我国航天科研设计队伍初步形成。

钱学森与科技人员交流

1956年12月29日，任新民（前排右二）在苏联援助的P-1导弹实物交接协议上签字

取得苏联的火箭技术援助

1956年10月，毛泽东、周恩来批准聂荣臻提出的我国导弹的研究采取“自力更生为主，力争外援和利用资本主义国家已有的科学成果”的方针。在此之前的8月，为了缩短导弹技术的摸索过程，我国政府向苏联政府提出在导弹研制、使用方面给予援助的要求。9月，苏联答复只同意提供两枚教学用的P-1导弹样品，并派五名专家来华讲学，接收50名中国学生去苏联学习火箭专业课程。1956年12月，国防部五院派任新民、史成章等到满洲里接收苏联支援的两枚P-1教学弹。苏联的支援远远不能满足我国发展导弹的需求。1957年7月，苏联政府同意中国派代表团赴苏商谈国防新技术援助的要求。在商讨组团赴苏联谈判新技术援助参加人员时，毛泽东提议钱学森参加代表团，他对聂荣臻说：“你就来做这个代表团的团长，那个从美国回来的钱学森也应该去，他是火箭专家嘛。”毛泽东、周恩来委托聂荣臻组织中国政府工业代表团，由聂荣臻任团长，宋任穷、陈赓任副团长，成员有王诤、钱学森等，技术顾问有屠守锷、林爽等人。这次赴苏谈判包括争取苏联在火箭、导弹技术方面的援助。其中导弹谈判组成员有钱学森、王诤、万毅，顾问有屠守锷和林爽。在飞机上，聂荣臻与钱学森谈起苏联的P-2导弹，问道：“造它，你有把握吗？”钱学森回答说：“就看这次去苏联的结果了，只要他们肯提供有关的设备和火箭样品，保证能行。”

中国政府代表团到达莫斯科后，与以苏联部长会议第一副主席别尔乌辛为团长的苏联政府代表团商谈，用了漫长的35天时间，最后于1957年10月15日签订了《中华人民共和国政府和苏维埃社会主义共和国联盟政府关于生产新式武器和军事技术装备以及在中国建立综合性原子能工业的协定》（以下简称“中苏国防新技术协定”），其中在火箭技术援助方面，苏联提供P-2等几种导弹样品和有关技术资料，派遣技术专家帮助进行仿制工作，提供导弹研制和发射试验基地的工程设计图纸，增加接收中国火箭专业留学生名额。

苏联专家与中国技术人员合影

导弹加注燃料

根据“中苏国防新技术协定”，1958 年苏联陆续派专家来华，进行导弹研制基地和发射试验基地的选址考察。同年 3 月，按照苏联的援助计划，国防部五院在北京的导弹研制基地确定建设 4 个工程项目，即 8102 工程（导弹总体及发动机研制）、8103 工程（发动机试验站）、8108 工程（空气动力研究）、8109 工程（控制导引系统研制）。8102、8103、8108 三个项目由一分院负责，8109 项目由二分院负责。导弹发射试验靶场选在酒泉东北方向内蒙古自治区额济纳旗地区的戈壁滩上建设。中央军委决定以孙继先任副司令员的第 20 兵团为基础，进驻试验基地，并成立以陈士榘为首的一支特种工程部队负责设计和施工。1958 年 10 月，西北综合导弹试验基地正式成立。1960 年 9 月，试验基地建设已初具规模。

1959 年 12 月，国防部成立五院基本建设工程修建委员会，罗瑞卿任主任委员，孙志远、万里、刘秉彦为副主任委员。1960 年 8 月，谷广善被任命为国防部五院副院长，主持基本建设工作。北京导弹基地的 4 项工程在苏联的援助下，依靠全国各地、各部门的支援开展起来。当时从部队抽调一个步兵师、一个工兵团、一个汽车团，从北京第四建筑工程公司抽调 6000 名技术工人，承担土建施工任务。1960 年和 1961 年，这 4 项工程建设达到高潮，施工人数达 1.5 万人，完成建筑面积 100 多万平方米。最后建成一批工艺新颖、结构复杂、精密度高、有特殊要求的科研设施，如大型火箭发动机试车台、全弹试车台、全弹振动试验塔、天线实验室、水力实验室、强度实验室、陀螺仪厂房、超声速风洞、高速高温电弧风洞等。这些建设工程为导弹的研制奠定了坚实的基础。

苏联还派遣了一个缩编地地导弹营来华，帮助培训我方的导弹研制和操作人员。1957 年 12 月，国防部五院领导组建了炮兵教导大队。1958 年 1 月 11 日举行开学典礼，五院和炮兵共选送 600 多名官兵和科技人员参加训练，培养了一批导弹研制和操作人员。陈毅、聂荣臻、陈锡联、张爱萍、杨成武等都曾莅临教导大队检查训练、参观装备，给参加训练的人员以极大的鼓舞。直到 1959 年 7 月，苏方撤走专家，炮兵教导大队历经一年零八个月，结束完成 6 期训练任务，为我国各类导弹的研制提供了人才支持，也为开展导弹的仿制创造了良好条件。

仿制成功 P-2 地地导弹

东风一号导弹总设计师梁守槃（左）和发动机总设计师任新民（右）

根据中苏两国政府在 1957 年 10 月 15 日达成的“中苏国防新技术协定”，1957 年 12 月，苏联将两枚 P-2 导弹样品运到我国东北边境，国防部五院派耿锐等前往满洲里接收，押运到北京长辛店的库房里。1958 年 6 月中旬，由胡春雨率领的一个小组到满洲里接收 P-2 导弹产品的全套技术图纸资料。随后，苏联派来专家，帮助开展仿制工作。

我国仿制 P-2 导弹的工程代号叫 1059。1958 年 5 月 29 日，聂荣臻、黄克诚、钱学森一起部署了 1059 导弹仿制任务，要求 1959 年 10 月完成导弹总装出厂，争取国庆 10 周年试射成功，1059 名称由此而来。聂荣臻指出：仿制是爬楼梯，爬上楼梯才是平地，那时再学跑步。我们要通过仿制爬楼梯、大练兵，再向独立设计发展。1958 年秋，国防部五院明确提出“以仿制为主，带动全院一切工作”的指导思想，掀起了技术学习的热潮，组织科技人员向苏联专家跟班学习，从拆卸解剖导弹、翻译消化资料，到进行反设计、仿制，充分了解和掌握 P-2 导弹的技术问题。

在钱学森的率领下，国防部五院集中了一批科研带头人。1959 年 3 月，梁守槃被任命为 1059 导弹总设计师，导弹总体方面有屠守锷、谢光选，发动机方面有任新民，控制系统方面有蔡金涛、黄纬禄、梁思礼，材料方面有姚桐斌，空气动力方面有庄逢甘等，他们带领广大科技人员和工人艰苦奋斗，仿制工作取得突破性进展。

从 1959 年 6 月开始，苏联对中国技术援助的限制越来越严格。1960 年 7 月，正当 1059 导弹仿制工程进入决战的关键阶段，苏联政府撕毁“中苏国防新技术协定”，中断援助，撤走专家，首先从原材料和元器件方面“卡脖子”，这种釜底抽薪的恶劣行径，给我国的导弹仿制造成严重困难。在这种情况下，聂荣臻指示国防部五院一定要争口气，依靠我们自己的专家，自力更生，立足国内，仿制 1059 任务绝不动摇，无论如何要搞出来。聂荣臻对国防部五院领导人王秉璋和王诤说：“中国人民是聪明的，并不比别的民族笨，要依靠我国自己的专家和工人搞出自己的导弹。”后来，他对国防部五院的科技专家说：“逼上梁山，自己干吧，靠别人靠不住，也靠不起，党中央寄希望于中国自己的专家！”国防部五院号召全体人员发愤图强，埋头苦干，为国争光，一定要搞出“争气弹”。

我国科技人员和工人被激发起强烈的爱国热情，他们发挥卧薪尝胆、奋发图强的精神，鼓足干劲，埋头苦干，战胜因技术援助中断带来的重重困难，很快圆满完成第一枚1059导弹的总装。在发射之前，1960年9月先执行发射一枚苏制P-2导弹的101任务。苏联专家在撤走之前表示中国生产的推进剂不合格，不能用于飞行试验，但经梁守槃等人的精心计算，认为国产推进剂完全可用。1960年9月10日，使用我国自己生产的液氧和酒精做推进剂试验发射苏制P-2导弹获得成功。这也为我国发射仿制的1059导弹奠定了良好的基础。

我国依靠自己的力量仿制的1059导弹总装完成，1960年10月23日由北京运往导弹试验靶场，同时出发的包括120多人的试验队伍。中央军委批准组成了以张爱萍为主任委员，孙继先、钱学森、王诤为副主任委员的1059导弹试验发射委员会。聂荣臻向周恩来报告说："1059导弹已经仿制完成，准备在酒泉发射基地试验飞行。"周恩来对聂荣臻说："头一回，打好了很好，打不好再从头来，我们中国人有这个志气。"毛泽东得到报告后请来聂荣臻说："你手下的导弹兵干得不错呀，苏联专家才走3个月，你就要在他们头上放炮啦！我和恩来等你的喜讯。"聂荣臻进入戈壁滩，在发射基地对全体试验队员说："我们自己制造的导弹就要从你们手中起飞，一定要沉着、冷静地操作，党和人民信任你们，现在就看你们的了！"国防部五院的导弹专家谢光选等人作为参试人员代表进入地下发射控制室，显得十分激动和紧张。钱学森对他们说："你们很幸运，代表我们五院的专家到地下控制室。要沉住气，一定会成功。"

1960年11月5日上午9时2分，中国第一枚仿制的国产导弹1059点火发射，扶摇升空，穿过云霄，按预定轨道飞行560千米，7分多钟后命中目标，试验发射一举成功。当天新华社发出电讯称："我国第一枚地地导弹，在我国西北地区发射成功，精确命中目标。"钱学森在现场高兴地对参加试验的科技人员说："我说我们是会取得成功的，现在我们不是已经取得了初步的成功嘛！"当晚，聂荣臻元帅在发射基地的祝捷会上自豪地说："在祖国的地平线上，飞起了中国自己制造的第一枚导弹，这是毛泽东思想的胜利，是工人、技术人员、干部以及解放军指战员辛勤劳动的结果，这也是我军装备史上一个重要的转折点。"

国产首批1059型导弹执行检验发射任务

1960年12月，1059导弹又进行了两次发射试验，均获得了成功。1059导弹后来命名为东风一号，它的仿制发射成功，是我国导弹发展史上一个重要的里程碑。

东风一号导弹发射前的准备

研制 T-7M 探空火箭

1958 年 5 月，在毛泽东“我们也要搞人造卫星”的号召下，中国科学院在力学研究所成立第一设计院，由郭永怀兼任院长，杨南生任副院长，主要任务是研究设计我国发射人造卫星的运载工具。同年 11 月，第一设计院迁到上海，更名为上海机电设计院（1963 年划归国防部第五研究院建制），由副院长杨南生、总工程师王希季主持转向研制 T-7 无控制探空火箭，并从研制其模型火箭 T-7M 开始。

上海机电设计院由原来的 100 多人增加到 600 多人，1959 年 9 月开始研制 T-7M 探空火箭，到 1960 年 2 月 19 日发射成功，仅用了半年时间。

T-7M探空火箭竖在20米高的发射架上

中国第一枚试验型探空火箭（T-7M型）发射

我国自行研制的 T-7M 探空火箭是一种由液体燃料主火箭和固体燃料助推器串联起来的两级火箭。火箭全长 5.345 米，自重 75 千克，主火箭长 4.2 米，直径 0.25 米，推力 226 千牛，可携带 19 千克有效载荷，发射高度可达 10 千米。火箭发射到弹道顶点时，箭头与箭体自动分离，分别由降落伞回收，箭头内载有测量各种工程参数的遥测系统。经过设计、试制、试验和总装，工作人员相继建立起一套简单的试验和测试程序。控制火箭头体分离定时钟表机构用改装后的一台普通的小台钟代替；点火装置用一小电珠内的钨丝裹上硝化棉替代引火头；推进剂加注用自行车打气筒加压进行；火箭发动机试车台是利用空军江湾机场内一座过去留存下来的地下碉堡改建而成的。这座试车台，包括控制和观察室，1959 年 9 月规划，12 月 27 日建成进行首次点火试车，前后只用了 3 个月时间。发射场选在上海市南汇县老港镇东南 2000 米的海边，发电站是用芦苇和油布搭起的简易棚房。不到半年时间，T-7M 火箭完成了临射前的一切准备工作。

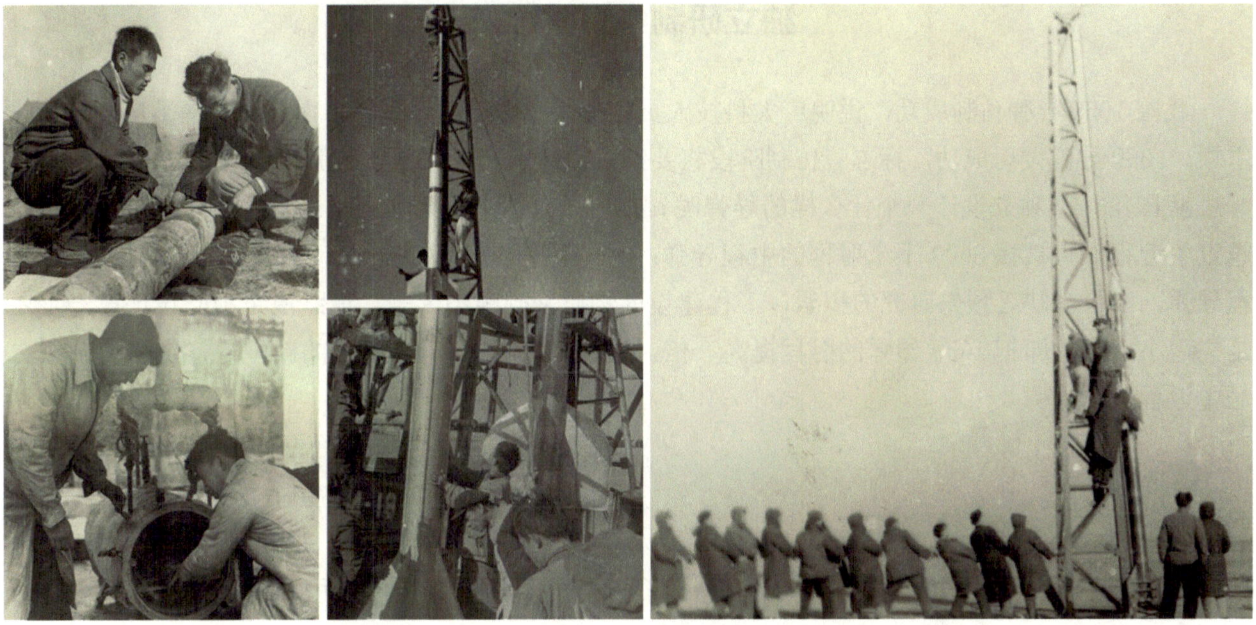

T-7M探空火箭发射前的准备

1960 年 1 月 25 日和 2 月 11 日，T-7M 火箭两次发射都失败了。1960 年 2 月 19 日，T-7M 火箭竖在 20 米高的发射架上发射，点火后直上云霄，飞行高度 2 千米，试验取得成功。这枚探空火箭还只是一枚简单的小型模型火箭，但却是第一个具有工程实践意义的成果。4 月 17 日，又一枚 T-7M 火箭发射成功，飞行高度 3.5 千米，第一次回收并获得遥测参数。4 月 18 日，聂荣臻和张劲夫、钱学森到上海江湾机场的简易试车台观看了 T-7M 火箭的热试车。聂荣臻高度赞扬年轻科技人员自力更生、敢想敢干、艰苦奋斗的精神，勉励科技人员要努力学习，做到又红又专，成为中国第一代探空火箭发动机专家。12 月 5 日，带有固体助推器的 T-7M 火箭发射成功，飞行高度达到 9.8 千米。我国的探空火箭有了良好开端，为进入空间探测活动奠定了基础。

1960 年 5 月 28 日，毛泽东到上海新技术展览会视察了 T-7M 探空火箭，当他询问得知这种探空火箭的研制人员大多是 20 来岁的大学毕业生时连声称赞。毛泽东又询问火箭能飞多高，担任讲解员的探空火箭主任工程师潘先觉回答说："能飞 8 公里。"毛主席听了高兴地说："8 公里也了不起呀！""应该是 8 公里、20 公里、200 公里地搞上去。"

毛泽东的视察给广大科技人员以极大鼓舞，推动了探空火箭的研制步伐。在南汇县老港镇，T-7M 火箭共进行了 12 次发射，其中 10 次成功。1960 年后又先后在松江县佘山地区兴建了一个发动机试车基地，在安徽广德县山区建成了代号 603 的 T-7 火箭发射场。在短短的一年内，上海建立起了一个配套比较完整的探空火箭研究、设计、试制、试验基地。1960 年 9 月 13 日，第一代液体燃料气象火箭 T-7 在 603 发射场发射成功，飞行高度达到 19 千米。经过改进后的 T-7A 火箭，飞行高度可达 60 ～ 125 千米。截至 1963 年，T-7 火箭发射 11 次，T-7A 火箭发射 23 次，我国探空火箭获得很大进展。

独立研制中近程导弹

我国1059导弹仿制成功，说明广大科技人员爬上了“楼梯”，甩掉了拐棍，掌握了自行设计的本领。1059导弹发射成功，标志着仿制阶段将要结束，开始转到自行设计阶段。

我国第一次独立设计一个什么样的导弹呢？在科技人员中有两种意见：一种是步子跨大一点，越过中近程，直接搞3000千米射程的中程导弹；另一种是步子迈小一点，搞1200千米射程的中近程导弹。由于尚缺乏预先研究的积累，工程建设的物质基础跟不上来，最终决定独立设计第一步还是先迈小一点，即把1059导弹的射程提高一倍，设计一种1200千米射程的新型号，定名为东风二号中近程地地导弹。

即将发射的东风二号导弹

东风二号导弹的总设计师是林爽（1960年是东风二号设计委员会主任委员），副总设计师是屠守锷。导弹全长20.9米，最大直径1.652米，起飞质量29.8吨，射程1200千米。东风二号与1059比较，主要改进在：提高发动机推力，液氧箱改为单层薄壁结构，尾段由钢结构改为铝合金结构，采用小三角尾翼，增大射程。尽管只是一些改进，采取技术爬高的办法，但却是完全没有外援的自行设计和独立研制，技术上仍有很大困难。国防部五院一、二分院的科技人员怀着为国争光的强烈责任感，勤奋努力，刻苦攻坚，利用一切可以利用的设备和条件，日夜奋战，不畏困难，1960年12月完成导弹的初步设计，1961年春，导弹分系统的技术设计相继完成，设计图纸陆续下达试制厂。仅用不到一年的时间，导弹弹体、发动机和控制系统先后生产出来。随后，弹体结构进行了静力试验，发动机进行了方案性试车、工艺性试车和典型试车，控制系统进行了地面仿真试验。1961年5月，第一枚东风二号导弹总装完成。聂荣臻到导弹总装现场，勉励科研人员要严格把关，把问题摸透。1962年2月，第一枚东风二号导弹总装测试完成。

东风二号导弹精彩场景

1962年3月4日，首次飞行试验用的东风二号导弹出厂，运往酒泉导弹试验靶场。3月21日9时5分，第一枚东风二号导弹从发射台点火起飞，但十几秒后却开始摆动，偏离航线，接着发动机起火，导弹失稳爆炸，69秒时在离发射台680米处坠地，发出巨大声响，炸出一个深4米、直径22米的大坑，发射失败。聂荣臻及时指示：“既然是科学试验，有成功就有失败，不要追查责任，要总结经验教训，吃一堑，长一智，以利再战。”后来，聂荣臻还指出：“东风二号导弹试射未达到目的，不要泄气。这不是什么意外的事，作为试验工作，这是正常现象。”

第二天，王秉璋、钱学森等带着聂荣臻的慰问和鼓励乘专机赶到基地，希望在场的参试人员从沉重的心情中振作精神，从失败中吸取教训，夺取新的胜利。钱学森说：“这次试验失利，对我们是一次非常有益的教训，请大家冷静，认真总结经验教训。”聂荣臻的指示让大家放下了思想包袱，沉痛的心情平静下来，在钱学森的带领下，设计研制和发射试验人员密切配合，用了一个月的时间，对光测数据和遥测数据进行分析研究，找到了试验失败的原因：一是总体方案设计时没有将弹体作为弹性来考虑，飞行中出现弹性振动与姿态控制系统发生耦合而失控；二是发动机强度不够，导致导管破裂而爆炸。通过认真总结，大家认识到这次试验失败是没有把设计方案建立在可靠的基础上，缺乏充分的地面试验，在管理上没有按研制程序办事。从1962年5月起，在总设计师的领导下，导弹总体设计部门对导弹进行修改设计，制定了17项大型地面试验计划，抢建了全弹试车台、全弹振动试验塔、静动力实验室、控制系统仿真实验室和计算机室等设施，从元器件单项试验、部组件系统试验到全弹试车都一丝不苟，严格质量检查，把一切问题暴露和解决在地面，不带任何问题上天。经过两年的奋战，修改设计后的东风二号导弹研制出来了。

1964年6月29日，在张爱萍主持下，东风二号导弹在酒泉试验基地再次进行发射。导弹起飞后按照程序飞行，试验取得成功。7月9日和11日，又发射两次，弹头准确命中目标，射击精度均符合要求。9月至10月，东风二号导弹又发射5次，均获成功。这表明导弹各系统工作协调，弹着区密集度较好，验证了最大射程指标。11月，东风二号导弹定型。东风二号中近程导弹的发射成功，标志着我国的导弹走上了独立设计和研制的道路，奠定了火箭技术研制和导弹发展的基础。

仿制地空导弹和海防导弹

C-75地空导弹

根据1957年签订的“中苏国防新技术协定”，苏联提供援助的导弹除P-2地地导弹外，还有C-75地空导弹和C-2（后改为п-15）海防导弹。

1958年12月，苏联的C-75中高空地空导弹运抵北京，国防部五院一面组织培训操作队伍，一面配合工业部门开始仿制工作。二分院承担导弹武器系统的总体设计工作，工业部门负责制造生产。C-75地空导弹仿制代号为“543”，这种导弹是保卫重要政治、经济和军事目标的防空武器。拦截目标的高度为3～22千米，斜距13～29千米。弹体总长10.83米，一级弹体直径0.654米，二级弹体直径0.5米，整个武器系统由导弹、制导站和地面设备三部分组成。国防部五院的科技人员做了大量的翻译、复制、学习、消化图纸资料和设计、试制准备工作。1959年年底，设计单位分批派出设计人员下厂，与试制单位的人员一起，在苏联专家的指导下进行仿制。1960年5月，国防部五院任命二分院副院长钱文极为总设计师，第二设计部主任徐馨伯为副总设计师。苏联中止援助、撤走专家后，聂荣臻指出：“要发挥中国专家的积极性，依靠中国自己的技术力量，把‘543’仿制出来。”1961年2月以后，国防部五院一、二分院迅速抽调一批技术骨干，分赴各主要试制工厂，同工人密切配合，推进仿制工作。

1962年4月，聂荣臻向国防部五院提出“543”的反设计是不可少的一步，需要重新部署地空型号的研制任务，要集中力量摸透“543”，首先搞好反设计。9月，国防部五院机关设立总设计师办公室，重新任命钱文极为总设计师，任命吴展为副总设计师，把技术力量集中到仿制“543”上来。1963年3月，完成模型弹总装，其中导弹总装配套的原材料1173项，到批生产时已全部由国内供给，不再进口。1964年上半年，总装测试完毕的“543”导弹，完成静力、振动、运输、防水等全部试验，产品质量完全符合技术要求。1964年3月，“543”定名为红旗一号。4月进行打靶试验获得成功。10月6日，红旗一号导弹成功击落中高空模拟目标，同年12月10日定型。“543”的仿制成功，为地空导弹的自行设计、独立研制打下了基础。

543地空导弹

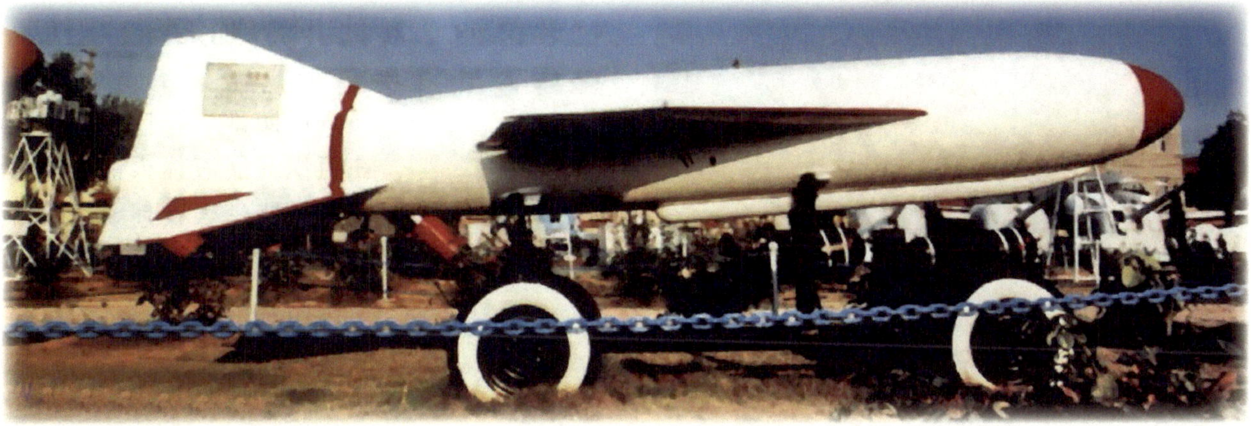

上游一号海防导弹

1960 年，我国同时开始仿制 C-2（代号“542”）岸舰导弹和 п-15（代号“544”）舰舰导弹。后来由于缩短研制战线，为确保重点需要，1961 年 7 月决定停止仿制“542”导弹，而集中力量仿制“544”导弹。国防部五院三分院负责技术抓总，工业部门负责制造生产。在仿制之初，设计人员一面深入工厂，配合试制，一面积极学习，消化技术资料，提高设计能力。

岸舰导弹加注推进剂

国防部五院先后任命李同力和吕琳为“544”导弹总设计师。国防部五院飞航式导弹总体设计部提出钻深吃透“544”导弹，掀起对“544”导弹的测绘、反设计和下厂仿制的热潮。1963 年 4 月召开“544”导弹专业会议，研究解决仿制中存在的问题，进一步明确了仿制中的分工和责任。

1963 年 10 月，“544”导弹投入试制。1964 年 8 月通过全弹静力试验。同年 11 月至 12 月，进行模型弹陆上发射试验，获得成功。1965 年，在海军试验基地进行海上发射试验，发射 5 发模型弹均获得成功。5 月，“544”导弹进行了从岸上向海上发射遥测弹试验，考核导弹各系统的工作性能和命中精度，3 发均获成功。

岸舰导弹发射

1966 年年底，“544”导弹进行定型飞行试验，获得成功。1967 年 8 月定型，并正式命名为上游一号。从此，我国有了第一种舰舰型号的反舰导弹。“544”的仿制成功，为后来自行设计飞航式导弹奠定了基础。

固体火箭的探索进展

固体火箭发动机吊装

国防部五院成立之初，在组织开展液体火箭研制的同时，钱学森谋划安排了探索固体火箭推进剂的工作。由国防部五院推进剂研究室主任、固体火箭专家李乃暨领导，成立固体推进剂小组，开始了固体复合推进剂的探索和研究工作。

1957 年，这个固体推进剂小组根据有限的资料，选择聚硫橡胶作为固体复合推进剂研究的突破口，提出了聚硫橡胶的合成方案。经过几个月的奋战，聚硫橡胶在实验室里合成成功。1958 年进行试生产。1959 年提供了第一批以聚硫橡胶作为复合推进剂配方研制的样品。科技人员在十分简陋的条件下经过数十次试验，制成了复合推进剂的雏型药条。1960 年，采用加注稀释剂的方法，攻克了浇注技术关，先后浇注完成直径 65 毫米和 107 毫米的小型固体发动机，并取得发动机热试车的成功。

1961 年 3 月，国防部五院从事固体发动机研制和固体推进剂研究的科研人员，与第三机械工业部五局第三研究所的研制生产人员联合，共同开展固体发动机的研制工作。1962 年 7 月正式成立固体火箭发动机研究所，肖淦任所长，薛伟民任政委。同年底，这个研究所取得首次 300 毫米固体发动机装药和试车的成功。

国防部五院固体发动机研究所在组织固体火箭发动机的研制过程中，通过探索实践，采用推进剂配方试验和装药力学性能研究，解决了药柱裂纹的问题；采用往推进剂里添加铝粉的办法，解决了发动机不稳定燃烧的问题。此外，在推力矢量控制和推力终止技术研究、新材料研制方面，都取得了新的成果。1964 年年初，固体火箭发动机研究所集中力量研制直径 300 毫米的固体发动

搭建茅草屋作为科研办公场所

在简陋的实验室安装推力器

机，改善推进剂配方，增加消振器，采取各种改进措施，连续进行 30 次地面试车和贮存、振动、冲击、运输等试验，全部获得成功。1965 年，又进行 6 次发动机带推力终止的无控飞行试验，均获得成功。这些试验证明，发动机结构可靠，工作稳定，性能满足要求。在研制过程中，广大科技人员和工人不仅付出了辛勤的劳动和汗水，甚至付出了生命的代价，在一次浇注推进剂时突然发生爆炸，让 4 名工人献出了宝贵的生命。

1964 年 4 月，在固体火箭发动机研究所的基础上，组建了国防部五院四分院，林爽任院长，薛伟民任政委、杨南生调任副院长。他们带领科技人员建设起了固体火箭发动机的新研制基地，研制成功 770 毫米直径的固体火箭发动机。在有关单位的大力配合和支持下，不仅研制生产出了固体推进剂所需的粘合剂、氧化剂、固化剂和各种添加剂，掌握了推进剂调整配方以改变燃速和力学性能的规律，而且研制成功了高强度钢、玻璃钢材料和玻璃纤维缠绕工艺成套专用设备，具有耐烧蚀、耐热震性能的喷管喉衬材料，推力控制技术探索也取得一定进展。

搬运固体发动机进山试验

1965 年年底，固体导弹的研制提上日程。为此，第七机械工业部四院提出研制直径1400毫米大型固体发动机的任务。在新建成的装药厂浇注成功大型固体发动机，1966 年 12 月 1 日这台大型固体发动机成功地进行了全程热试车。我国第一台大型固体发动机研制成功，积累了研究设计固体火箭发动机的经验，攻克了装药难关，考验了大型试车台和全套测试系统，为研制导弹和运载火箭用固体发动机奠定了基础。

长征二号丙火箭发射

航天工程管理的建立发展

经过艰苦创业，我国初步建立起了火箭研制、发射基地，建设起了火箭总体及发动机研制、控制导引系统研制、火箭发动机试验、空气动力研究试验等工程，具备了火箭研究、设计、试制、试验、发射的能力。航天产品从仿制走上了自行设计和独立研制的道路。

航天工程是一个多学科、多专业的综合技术体系，是大规模的系统工程。需要在高度集中统一的指挥下，成百上千个单位大力协同，根据航天工程的特点和规律，实施科学的管理，才能取得成功。

1961 年 7 月，国防部五院为贯彻中共中央批准的《关于自然科学研究机构当前工作的十四条意见（草案）》，召开干部大会，聂荣臻在会上作报告，重点就科研机构加强党的领导、红与专、技术民主与技术负责制、改进工作作风等问题，阐述党的有关政策。根据中央文件和聂荣臻报告的精神，国防部五院实行了“两改”（研究室党支部由领导作用改为保证作用，研究室政治委员改为政治指导员）、“五定”（定方向、定任务、定人员、定设备、定制度），改善党对科研工作的领导；保证科研人员每周有六分之五的科研工作时间，建立技术指挥员和技术指挥线；建立型号总设计师制度，任命各型号的总设计师、分系统主任设计师、设备主管设计师；成立科学技术委员会；开展革命传统教育，树立“为科研服务、为科研工作者服务”的思想，树立“三敢”（敢想、敢说、敢干）、“三严”（严格的要求、严肃的态度、严密的方法）作风，创造“安安静静、干干净净”的科研工作环境。

1962 年 11 月，国防部五院制定了《国防部第五研究院暂行条例（草案）》，对型号研制与设计工作、研究工作、试制工作、试验工作、技术责任制与科学技术委员会、组织计划与条件保证、政治工作、党的组织与工作等作了明确规定。这个条例总结了一套科学的型号研制工作程序，反映了研制规律，初步形成了系统工程的科学管理体系，对于航天科研工作的制度化、正规化和科学化起到了推动作用。

航天工程需要解决新型原材料、电子元件、仪器仪表、精密机械、大型设备、测试技术、计量技术等“开门七件事”，于是在全国组织大协作，依靠各科研机构、工业部门、高等院校的协作攻关，解决新材料、元器件和新设备的问题，因此在全国范围内形成了一个配套协作网。

航天工业系统的科研生产按“三步棋”安排，即在航天工程的实施过程中，要有三种处于不同阶段的型号：一种是正在试制、试验的型号，一种是正在设计的新型号，一种是正在探索研究的更新的型号。对于一种型号而言，又要分三步走：先经过预先研究，再转入型号研制，最后进行小批量生产。按“三步棋”安排科研生产，坚持预先研究先行，型号研制按程序、分阶段管理，符合航天工程的客观规律。

航天工程的管理，在党委的统一领导下，建立各有专职的技术指挥线和行政调度指挥线。技术指挥线以总设计师系统为核心，总体设计部是型号总设计师和副总设计师的工作机构。型号设总设计师，分系统设主任设计师，单项产品设主管设计师，各级设计师都建立明确的岗位责任制，总设计师主要负责与总体设计有关的技术问题，主任设计师负责分系统的技术问题，主管设计师负责单项产品的技术问题。行政指挥线则以计划调度为中心，由领导机关行政负责人和计划管理部门组成。行政调度指挥线型号技术协调同计划调度结合起来，技术责任制同经济责任制结合起来，对需要与可能、任务与条件进行综合平衡，努力实现技术指挥线所确定的技术途径和目标，保证型号任务的完成。

这种系统工程管理方法的建立和完善，保证了我国航天事业的健康持续发展。

长征二号丙火箭在技术厂房

发射东方红一号卫星的长征一号火箭

东方红一号卫星总装

首颗返回式卫星组装

“两弹结合”试验的导弹部队

第二章　配套发展

1965 年，在国防部五院的基础上组建第七机械工业部，从完善北京研制基地到接收上海研制基地和有关研究所、工厂，在三线地区建设新的火箭研制、生产基地，调整布局，专业配套，逐步形成了研究、设计、试制、试验、生产完整配套的体系，大大提高了航天整体实力，为突破空间技术、全面发展创造了良好条件。、

1966 年开始的“文化大革命”，给我国航天事业造成严重破坏和干扰。1967 年 3 月，第七机械工业部（以下简称“七机部”）及所属单位实行军事管制，对稳定局势起了积极作用。特别是在周恩来的亲自关怀和支持下，七机部的科研生产任务得到一定保障，战略导弹的研制和人造卫星发射计划在艰难中仍然取得进展。1975 年七机部进行整顿，结束军管。6 月，中央下达了关于解决七机部问题的文件，调整加强了七机部的领导班子，任命汪洋为七机部部长，李光军、强晓初、王星、陆平、程连昌、张怀忠、张钧、任新民等为副部长。经过整顿，七机部部开始出现安定团结的局面，科研生产形势迅速好转。

这一阶段的标志性成果是：1966 年 10 月 27 日，我国“两弹结合”试验取得圆满成功；1970 年 4 月 24 日，我国长征一号运载火箭发射第一颗人造卫星东方红一号获得成功；1971 年 3 月 3 日，我国第一颗科学实验卫星发射成功；1975 年 11 月 26 日，我国返回式卫星发射和回收成功。

我国返回式卫星返回地面

从研究院到工业部

1960年，我国国民经济遇到暂时困难，但国防部五院却处在大建设、大发展中，国家分配了数千名大中专毕业生，投身到火箭技术队伍的行列。毛泽东提出："要下决心搞尖端技术，不能放松，更不能下马。"聂荣臻指出："要自力更生，发愤图强，争一口气，突破从仿制到设计这一关，迅速发展提高，建设我们自己高度技术水平的导弹技术体系。"

1960年3月18日，中央决定任命空军司令员刘亚楼兼任国防部五院院长，空军副司令员王秉璋兼任国防部五院副院长，主持常务工作，钱学森改任主管科技工作的副院长。1962年6月，刘亚楼不再兼任国防部五院院长，由王秉璋接任国防部五院院长，刘有光仍任国防部五院政委，王诤、刘秉彦、谷广善、周维、孙继先先后任国防部五院副院长，曹光琳、王文轩、栗在山先后任国防部五院副政委，从组织领导上继续加强国防部五院发展火箭技术工作。

根据型号任务发展的需要，在国防部五院的四个分院的基础上，组建了以型号技术抓总和研究设计为主的四个研究院，火箭发射试验基地也一度划归国防部五院建制。同时扩大试制生产能力，建立比较完善配套的导弹研制、试验、生产体系，为实现由研究院向工业部的过渡准备条件。1964年5月，国防部五院召开首届党代表大会，总结了7年多来的艰辛创业道路和主要成绩，分析了党领导火箭事业的主要经验，提出了进一步发展火箭事业的任务。7年来，经过大练兵、大建设、大发展，不仅导弹的研制取得显著成绩，而且初步形成了一支又红又专的科技队伍，出了成果，出了人才。5月31日，刘少奇、周恩来、朱德、邓小平等中央领导同志在人民大会堂接见了全体代表。6月2日，罗瑞卿代表党中央、国务院、中央军委向大会作了题为《一个革命的、有出息的专家和科技工作者应该到前线去》的重要讲话，要求广大科技人员特别是党员科技干部，深入到科研生产第一线去，加强团结协作，更好地出人才、出成果。国防部五院的广大干部和科技人员必须把革命化和科学化结合起来，把科研和生产结合起来，深入到科研试验生产的实践中，只有这样才能掌握科研生产规律，突破尖端，攀上高峰。这次大会号召科技人员不辜负中央的关怀和期望，要“政治思想过硬、技术业务过硬、组织管理过硬、作风过硬，一定要自力更生，奋发图强，拿出成果来”。

1964 年 11 月 23 日，中共中央、国务院发出通知，决定成立第七机械工业部，统一管理导弹工业的科研、设计、试制、生产和基本建设工作。1965 年 1 月，第七机械工业部正式成立，任命王秉璋为七机部部长，2 月以后又先后任命钱学森、刘有光、刘秉彦、谷广善、张凡、曹光琳为副部长。七机部成立后，下属第一、二、三、四研究院，上海机电二局及其所属科研生产单位作了相应的机构调整，以适应整个导弹工业的发展。

1965 年，按照中央的部署，七机部开始大规模的三线建设，各研究院和上海机电二局及部属的一些工厂分别承担三线基地的创建任务。在贵州、四川、陕西、湖北、湖南等省三线地区建设起了 061（包括合并的 065）、062（包括合并的 064）、063、066、067、068 等基地，完善了导弹工业的科研生产格局。1968 年 2 月 20 日，鉴于集中力量开展人造卫星研制管理的需要，又成立了中国空间技术研究院（最初属国防科委建制，1975 年后划归七机部建制），钱学森兼院长，常勇任政委。这样，我国航天科技工业的发展基础初步建成。七机部的组织规模进一步扩大，试制、生产能力有了增强，组织管理更加集中统一，形成了比较完整配套的科研、生产体系，为我国导弹、火箭、卫星事业的大发展，奠定了坚实的基础。

完成“两弹结合”试验

东风二号甲导弹

1964年，我国自行设计的东风二号导弹发射成功后，周恩来向国防部五院提出：要提高东风二号导弹的射程，使它成为一个有实战价值的武器。这一年的10月16日，我国成功地爆炸了第一颗原子弹。为了使我国的导弹和原子弹成为有效的作战武器，中共中央决定进行“两弹结合”试验，研制导弹核武器。

1964年9月，中央专门委员会（以下简称“中央专委”）对“两弹结合”工程作了部署，钱学森向聂荣臻提出，把我国自行研制的中近程导弹稍作改进，就可满足运载核弹头的要求。11月，把增大射程用于运载原子弹的东风二号命名为东风二号甲导弹。

1965年3月，中央专门委员会同意“两弹结合”按冷（不装核燃料）、热（装核燃料进行爆炸）试验计划安排。导弹和核装置上精心设计了安全系统，采取了严密可靠的安全措施，力求做到即使导弹飞行中途发生故障，也不致发生核爆炸；还拟定了周密的试验计划，先试安全系统，再作全系统冷试，最后才进行导弹核武器热试验。七机部一院总体设计部主任谢光选担任了“两弹结合”协作小组组长，负责协调导弹和原子弹结合的研制试验工作。经过一年多的攻关、试验，1965年11月，东风二号甲导弹首次飞行试验成功。后来，在两个月时间内连续进行7次飞行试验，其中6次成功，最大射程超过1300千米，精度也满足要求。

两弹结合试验

1966年3月，周恩来主持召开会议，听取聂荣臻和有关专家关于进行“两弹结合”试验的论证报告，决定在我国本土上进行导弹核武器发射试验，发射场在西北综合导弹试验基地，核弹落区在罗布泊核试验场。6月30日，周恩来亲临导弹试验基地，检查了核导弹试验的准备情况，观看了东风二号导弹发射试验实况。

1966年9月，东风二号甲导弹总装测试完毕，运到酒泉发射基地，乘专列前往基地的还有100多名科技人员。在发射基地，科技人员从难、从严、从实战出发，认真负责，周到细致，不放过一个疑点，不遗留一个问题。第一次合练完成后，9月28日中央专委发出电报指出：“核试验是由导弹作运载在大陆上进行的，在国际上是创举，要求只能成功，不能出事，出了事影响太大，不单是个技术问题，还是个政治问题，首先要把合练搞好，保证不出事。”根据这一指示，科技人员完成了第二次合练，还进行了安全自毁试验和原子弹冷试的飞行试验。10月20日，周恩来、叶剑英在导弹核武器试验前听取了准备情况的汇报。周恩来说：“‘两弹结合’关系很大，要严肃认真，周到细致，稳妥可靠，万无一失，不要冷试成功，热试反而出问题。这次热试只许成功，不许失败，一定要百分之百的完成。”10月24日晚，毛泽东听取聂荣臻的汇报后说：“谁说我们中国人搞不出导弹核武器呢，现在不是搞出来了嘛！”他还十分关切地说：“要认真充分做好准备，不要打无准备的仗。”10月25日，聂荣臻、钱学森等赶到试验基地，主持“两弹结合”的发射试验工作，他们多次到技术阵地和发射阵地检查指导。周恩来又及时传来指示：“在过去飞行可靠性90%左右的情况下，现在要靠人的主观能动性来解决这10%不可靠的问题，总之，要做到万无一失。”10月26日晚上，导弹和核弹头结合做最后的检查，周恩来又两次打电话询问检查测试情况。由于“两弹结合”的试验是一次非常危险的发射，在倒计时的半小时，绝大多数参试人员撤离了现场，只有少数负责的科技人员留在控制室里，他们甚至写了“遗书”，表示不畏危险，不怕牺牲，誓死完成任务。

1966年10月27日9时许，在酒泉发射基地，一枚东风二号甲导弹载上原子弹头点火发射，拖着一串长长的明亮火焰，划破长空飞向目标。“跟踪良好！”“飞行正常！”“发现目标！”9分后导弹准确飞抵目标，在罗布泊弹着区预定高度实现核爆炸，空中腾起一片蘑菇云！当天晚上，聂荣臻在导弹发射基地的礼堂，向全体参试人员转达了中共中央、国务院、中央军委的祝贺，并说：“这次试验是震惊中外的伟大胜利，是在过去导弹和核弹头分别试验的基础上进行的一次综合性的更高级的试验，是带有战斗实用性质的试验。试验结果证明我们的设计是成功的，水平是不低的，质量也是好的。”1966年11月21日，聂荣臻在向毛泽东、周恩来和中共中央、中央军委的书面报告中说：“这次试验成功，是毛泽东思想的伟大胜利，是党的树雄心、立壮志、奋发图强、自力更生、赶超世界先进科学技术水平的胜利，是‘两弹为主、导弹第一’发展国防科学技术方针的胜利。”东风二号甲导弹成功发射标志着中国正式拥有了具有实战能力的战略导弹核武器。

庆祝我国发射导弹核武器试验成功大会

实施“八年四弹”规划

1964 年，国防部五院组织科技专家和科技人员开展导弹技术发展规划与技术途径的论证，制定了《关于火箭技术发展途径的意见》和《火箭技术的八年（1965—1972 年）发展规划》。

1965 年 2 月至 3 月，周恩来委派国务院国防工办副主任赵尔陆带队到七机部一院，再次听取各方面对这个发展规划的意见。工作组通过召开座谈会、访问专家和科技人员交谈，历时一个月，先后听取了 2400 多名科技人员、干部和工人的意见，在钱学森的主持下，最后形成了《地地导弹发展规划》（即“八年四弹”规划）。这个规划明确提出，要在 1965 年至 1972 年的八年时间内，研制成功增程的中近程、中程、中远程、远程（洲际）四种液体弹道导弹。

1965 年 3 月 20 日，周恩来召集中央专委第 11 次会议，听取七机部关于《地地导弹发展规划》的汇报，原则批准了七机部的发展规划和安排。这个规划虽然在“文化大革命”期间受到严重干扰，但在八年之内，东风二号甲中近程、东风三号中程、东风四号中远程导弹相继研制发射成功，东风五号远程导弹完成首次低弹道试验飞行。

东风二号甲中近程导弹　早在 1963 年 12 月，中央专委就研究了核武器的发展方向问题，确定以导弹核武器为主，责成国防工办、国防科委提出研制载核弹头的导弹的研制计划。1964 年 1 月，中央专委决定加快东风二号甲导弹的研制，力争早日装备部队。1965 年 11 月 13 日，东风二号甲导弹首次飞行试验成功。1966 年 10 月 27 日，东风二号甲导弹和原子弹的“两弹结合”试验获得成功。从 1967 年开始，东风二号甲导弹陆续装备部队。

东风二号甲导弹矗立在发射架上

东风二号甲导弹运往发射场

东风三号中程导弹 1964年3月，中央军委批准将原来的东风一号改成东风三号，这是一种全新的中程地地导弹。1965年3月，中央专委批准并下达研制任务，国防部五院任命林爽为总设计师，屠守锷、任新民、黄纬禄、吴德雨为副总设计师，后由屠守锷接替任技术总负责人。总体设计部技术负责人孙家栋主持了总体设计方案的论证和总体设计工作。在任新民的主持下，研制出了采用可贮存推进剂的火箭发动机，在郝复俭的主持下，研制成高精度陀螺、加速度表；在姚桐斌的主持下，同有关单位一起攻关，研究解决了不锈钢高温钎焊、铝合金化学铣切等工艺难题，试制出燃气舵等所需的新材料。同时，在控制系统、遥测系统、地面设备、结构强度等方面，也取得了许多研究成果。只用了一年多时间，就试制出了首批遥测弹。1966年12月26日进行首次飞行试验，考核了设计方案，但出现了发动机推力下降的问题。1967年1月12日进行第二次飞行试验，出现了同样的问题。经过对液体火箭发动机的改进，提高了发动机的可靠性，1967年5月26日进行第三次发射试验，导弹按预定程序飞行，各系统工作正常，命中目标，飞行试验获得圆满成功。

东风三号中程导弹

东风三号导弹准备发射

东风四号中远程导弹　1965年5月，中央专委批准中远程地地导弹的研制任务，由任新民主持研制工作。这项任务首次突破多级火箭技术，克服了许多新的技术难题。其中火箭二级发动机解决了在接近真空条件下点火可靠性，制导系统采用捷联式全补偿方案解决了弹性振动与晃动的稳定性，还解决了级间连接和分离、火箭高速再入防热、氧化剂箱和燃料箱共底等技术问题。1970年1月30日，东风四号中远程导弹飞行试验获得成功。

东风四号中远程导弹

东风五号远程导弹　1965年，中央专委决定研制远程导弹，由屠守锷主持进行了方案论证。远程导弹用的火箭发动机，由任新民主持研制，确定采用可贮存的四氧化二氮和偏二甲肼作推进剂，一级发动机由4台单机并联组成，二级发动机由主发动机和游动发动机组成。制导系统在黄纬禄和梁思礼的主持下，选择了平台—计算机方案，并采用三轴静压气浮陀螺稳定平台系统。1971年9月10日，经过周恩来的批准，远程导弹首次进行科研性飞行试验，基本上达到了检验导弹设计方案和各系统适应性的目的。随后，在王永志的主持下，对原设计方案提出了一些改进措施，进一步提高了远程导弹的可靠性和使用性能。但由于"文革"的影响，只进行了多次不同状态的高、低弹道飞行试验，而全程飞行试验未能完成。

"八年四弹"的研制，推动了战略导弹技术的发展，特别是解决了我国战略导弹的有无问题，增强了我国的国防实力，在工程组织管理上积累了经验，同时为研制突破运载火箭奠定了坚实的技术基础。

东风五号远程导弹

独立研制防空和海防导弹

红旗二号地空导弹

从 1965 年开始，我国开始自行研制防空导弹和海防导弹，第一代的红旗、红缨型号防空导弹和海鹰、鹰击型号海防导弹发展起来。

红旗二号　1965 年 4 月，七机部决定在红旗一号导弹的基础上，研制一种抗干扰能力较强的中高空地空导弹，命名为红旗二号，陈怀瑾为总设计师。导弹作战斜距大于 32 千米，作战高度为 3 ～ 24 千米。

红旗二号地空导弹确定导弹与制导站分为两种状态：第一种状态，主要增加导弹的射高和作战斜距，制导站增强反侦察、反干扰能力和确保测量精度；第二种状态，进一步增加各种抗干扰措施和改善操作使用性能。1966 年底，红旗二号导弹武器系统成功地通过了定型试验。1967 年 7 月批准定型。同年 9 月 8 日，美国 U-2 飞机窜扰我国华东地区，被红旗二号导弹击落，红旗二号导弹取得实战成功。

红旗二号导弹的两个改进设计型号　一个是 1973 年后，为进一步提高抗干扰能力和射击低空目标的能力，改进研制了红旗二号甲导弹，徐易为总设计师。技术改进有 148 项，多次试验后获得成功。

另一个是 1979 年后，为了减少地面车辆，提高机动能力，进一步扩大作战空域和缩短作战准备时间，改进研制了红旗二号乙导弹，陈欣生为总设计师。与红旗二号甲比较，红旗二号乙又有 56 项技术改进，经过履带发射车的实弹射击试验，获得成功。

红旗二号地空导弹部队接受检阅

红旗61号 1965年8月，中央专委提出研制中低空防空导弹，1966年1月列入国家计划，导弹命名为红旗61号（开始定名为红旗41号），有舰空和地空两种型号。

第一种是红旗61号舰空导弹。这种中低空防空导弹最大射程10千米，最大射高8千米，最大速度为3马赫数。1975年前进行了模型弹和独立回路弹的陆上飞行试验，1976年12月在导弹护卫舰上进行发射试验，1978年进行海上打靶试验，达到预期目的。1978年8月建立导弹设计师系统，吴中英、梁晋才先后任总设计师，加强了研制的技术责任制。1984年11月后导弹装舰在海上对不同空域的靶弹和靶机进行射击试验，都获得了圆满成功。

红旗61号舰空导弹

第二种是红旗61号地空导弹。1976年研制，采取“海搬陆”的做法，新研制制导站等地面设备。1984年11月进行打靶试验，1986年设计定型试验获得成功。

红缨五号 1975年初，国家下达研制便携式单兵肩射超低空防空导弹的任务。这种防空导弹命名为红缨五号，朱玉池、肖林先后任总设计师。导弹全系统重15千克，作战高度50～2300米，最大斜距4200米。红缨五号导弹武器系统由筒装导弹、发射机构和地面电池三部分组成。整个研制经历了模型弹、独立回路弹、闭合回路弹和设计定型四个阶段。1982年开始进行定型试验，达到设计要求。

1979年1月，为增大战斗部的威力，提高导引头的抗干扰能力，增加导引头探测器的探测距离，决定研制红缨五号甲导弹。1981年、1982年进行飞行试验，1984年6月打靶试验成功。

红缨五号地空导弹

海鹰一号　1965年，国家决定把上游一号舰舰导弹改型设计，研制海鹰一号岸舰导弹。梁守槃提出技术改进后，1970年9月完成设计定型飞行试验。

海鹰二号　1965年8月，国家开始研制增大射程、抗登陆的海鹰二号岸舰导弹。总设计师是梁守槃，副总设计师为吴宝初。1967年9月开始在海军基地进行飞行试验，获得成功。

为了提高抗干扰性能，将红外制导技术用于末制导导引头，改进研制了海鹰二号甲红外弹；为了增强导弹的抗干扰能力和超低空飞行能力，经改进研制了海鹰二号乙降高弹。海鹰二号甲于1980年9月完成设计定型飞行试验任务。海鹰二号乙在总设计师曹柏祯的主持下，1982年5月完成了定型飞行试验任务。

鹰击六号　1967年5月，决定用海鹰二号改型设计成空舰导弹，1975年命名为鹰击六号，由总设计师路史光主持研制工作。1977年10月，批准了用“轰六丁”飞机挂鹰击六号导弹的研制方案。1978年进行首次飞行试验成功。1982年6月首枚鹰击六号导弹由“轰六丁”飞机在海上低空发射试验，命中目标。1984年定型飞行试验成功。

鹰击八号　1973年，在姚绍福的主持下，提出研制一种小型多用途反舰导弹，1977年命名鹰击八号，开展研制工作。鲍克明、路史光、姚绍福先后任总设计师，1984年完成装艇海上飞行试验。鹰击八号在1984年国庆阅兵式上亮相，国外惊呼中国“飞鱼”导弹问世，标志着中国第一代反舰导弹达到世界的先进水平。

吊装海鹰反舰导弹

海鹰二号岸舰导弹发射

鹰击八号反舰导弹

人造卫星提上研制日程

1958年5月17日，毛泽东主席在党的八大二次会议上说：“苏联去年把卫星抛上了天，美国在几个月前也把卫星抛上了天。那么，我们怎么办，我们也要搞人造卫星。”

在毛泽东的号召下，周恩来指示由聂荣臻召集张爱萍等人开会，专门研究中国人造卫星如何起步的问题，并责成中国科学院和国防部五院组织专家拟定人造卫星的发展规划。钱学森、赵九章、郭永怀、陆元九等专家研究制定了中国人造卫星发展规划草案，提出了分三步走设想：第一步，发射探空火箭；第二步，发射一二百千克重的卫星；第三步，发射几千千克重的卫星。

为此，中国科学院把研制人造卫星列为1958年的第一项重点任务，研制人造卫星被称为“581”任务。并成立了“581”小组，钱学森任组长，赵九章、卫一清任副组长，下设三个设计院，分别负责运载火箭和卫星的总体设计、控制系统研制、探空仪器研制和空间环境研究，郭永怀、杨南生为第一设计院的技术负责人，陆元九、杨嘉墀、屠善澄为第二设计院的技术负责人，赵九章、钱骥为第三设计院的技术负责人。1958年10月在中科院自然科学成果展览会上展出了运载火箭模型和早期空间技术的设想蓝图。但由于当时的经济环境和科技条件不足，1959年1月根据邓小平关于“现在放卫星与国力不相称，要调整空间技术研究任务”的指示，中科院对空间技术任务作了调整，把研究力量先集中到研制探空火箭上来，为研制人造卫星创造条件。

1961年6月，在钱学森、赵九章等科学家的倡导下，中科院举办了12次星际航行座谈会，钱学森在第一次座谈会上作了题为《今天苏联及美国星际航行火箭动力及其展望》的中心发言。1963年，中科院成立星际航行委员会，钱学森、赵九章等负责组织制定星际航行发展规划，讨论和安排空间技术的预先研究课题。1964年12月，赵九章提出建议，中国已具备研制人造卫星的条件，争取在中华人民共和国成立20周年时发射卫星。1965年1月，钱学森也提出了尽早研制人造卫星的意见。钱学森在向国家的正式报告中指出：“自从苏联在1957年10月4日发射第一颗人造卫星以来，中国科学院及国防部第五研究院对这项新技术就有些考虑，但未作为研制任务。现在看来，人造卫星有已经明确用途的几种：测地卫星、通信及广播卫星、预警卫星、气象卫星、导航卫星、侦察卫星。重量更大的载人卫星在国际上的应用，现在虽然还不十分明确，但也得有所准备。现在我国弹道式导弹已有一定的基础，现有型号进一步发展，即能发射100千克左右重量的仪器卫星。这些工作是复杂艰巨的，必须及早开展有关的研究、研制工作，才能到时拿出东西。因此建议国家早日制定我国人造卫星的研究计划，列入国家任务，促进这项重大的国防科学技术的发展。”

周恩来十分重视他们的建议和意见。聂荣臻指示：“只要力量上有可能，就要积极去搞。”1965 年 4 月，聂荣臻委托张爱萍召集钱学森、张劲夫等有关部门负责人研究，国防科委提出了在 1970—1971 年发射第一颗人造地球卫星的设想方案。1965 年 5 月 6 日，中央专委第 12 次会议决定将人造地球卫星列入国家计划。7 月，中科院向中央专委呈报了《关于发展我国人造地球卫星工作规划方案建议》，得到中央专委的批准。10 月至 11 月，中科院受国防科委委托，主持召开了中国第一颗人造地球卫星方案论证会议，明确了中国第一颗人造地球卫星的目的、任务和总体方案。

中央专委第 13 次会议确定，中国人造地球卫星采取由简到繁、由易到难、从低级到高级、循序渐进、逐步发展的方针，即先以科学试验卫星开始，取得经验，然后发展以返回式卫星为重点的其他应用卫星系列。第一颗人造地球卫星争取在 1970 年左右发射。国防科委的报告建议，卫星本体和探测仪器由科学院负责，运载工具由七机部负责，地面观测跟踪和遥测系统以七机部为主、中科院配合。第一颗人造地球卫星命名为“东方红一号”，提出了第一颗人造地球卫星要达到“上得去、跟得上、看得见、听得到”的要求。

东方红一号人造卫星在技术厂房

长征一号掀开航天序幕

长征一号运载火箭

我国发射第一颗人造地球卫星的运载火箭命名为长征一号，最初由七机部第八设计院负责设计，后改由七机部第一研究院负责研制。中央专委提出的指导原则是：发射卫星的运载工具，在初期以中远程火箭为基础，进行适当修改或配以专门研制的末级火箭发动机而成，下一步再发展大推力运载火箭。

1965 年 9 月开始，七机部八院在王希季的主持下，论证了运载火箭方案。1966 年 11 月开始，长征一号运载火箭进入研制阶段，七机部一院担任研制工作。长征一号运载火箭是以中远程导弹为基础，在两级液体火箭上加上新研制的第三级固体火箭发动机形成的一种三级火箭。火箭全长 29.46 米，最大直径 2.25 米，起飞质量 81.570 千克，起飞推力 1100 千牛，可将 300 千克的有效载荷送上 440 千米高的近地轨道。火箭一、二级和控制系统由七机部一院负责研制，任新民为技术负责人；第三级由七机部四院研制，杨南生为技术负责人；由航天材料工艺专家姚桐斌主持的材料与工艺研究所，攻关解决了上百项新材料、新工艺课题，包括高强度铝合金、高温钎焊合金、复合材料、化学铣切、蜂窝结构工艺等项目，在长征一号火箭的研制中发挥了重要作用。

在“文化大革命”时期，长征一号火箭的研制受到严重干扰。周恩来下令采取特殊措施，要军管会开具一批科技专家名单，保护钱学森、任新民等一批技术专家不受冲击，保证长征一号研制工作少受影响。

1969 年 4 月，经过三年努力，攻克了发动机高空点火和高空性能模拟试验技术、火箭级间连接和分离技术、大长细比火箭的姿态控制技术等发动机、箭体结构方面的许多难关，进入到火箭地面试车的关键阶段，这时遇到派性的干扰。周恩来指出：“火箭试车，是关系到国家荣誉的大事，任何人不得干扰，两派群众组织要团结起来，一定要在近期完成试车任务！”并委派钱学森前往现场组织这次试车，协助军管会负责人杨国宇全权处理有关事宜。在钱学森的动员组织下，1969 年 5 月，完成火箭第一、二级试车；6 月，火箭第二级试车成功；8 月至 9 月，火箭的第二、三级和第三级试车先后获得成功。1970 年 1 月 30 日，第一枚中远程火箭发射成功，为改装成长征一号运载火箭奠定了坚实基础。3 月 26 日，第一枚发射卫星的长征一号运载火箭正式出厂。周恩来指示说：“千万不要认为工作已经都做好了，一定要更细地做工作，要搞故障预想，对各种可能的情况展开讨论。”经过认真检测后，长征一号运载火箭运往酒泉基地，等待执行发射任务。

长征一号火箭整流罩吊装

长征一号运载火箭准备发射的第一颗人造地球卫星，早在 1965 年 9 月就由钱骥领导的卫星总体设计组拟定了总体方案。同时由陈芳允主持，开展地面观测系统的论证，着手进行观测台站的规划、选点、研制工作。1965 年 10 月至 11 月，中科院受国防科委委托，召开卫星方案论证会议，初步确定了第一颗人造卫星的总体方案。1967 年 12 月，国防科委召开卫星研制工作会议，审定了总体方案和各系统方案，并正式命名第一颗人造卫星为东方红一号。1968 年 1 月，国家正式批准东方红一号卫星研制任务书，确定卫星重量不小于 150 千克，卫星与运载火箭分离入轨后末级火箭跟着卫星在太空运行，为了地球上的人们能用肉眼观看到卫星，在末级火箭上加了发光的“观测裙”，卫星要播放《东方红》乐曲，让世界各地都能收听到它的声音。

1967 年 3 月 17 日，周恩来宣布对从事卫星工程研制的单位实行军管。研制任务由钱学森负责，尽量减少“文革”对卫星研制的干扰。1968 年 2 月 20 日，正式组建国防科委第五研究院，钱学森兼任院长，常勇任政委，集中力量领导卫星的研制工作。孙家栋、戚发轫先后担任第一颗人造卫星总体技术负责人，孙家栋提出了修改、简化原方案的设想，加快卫星研制步伐。钱学森支持孙家栋的设想，他说：“中国第一颗卫星从一定意义上讲是一颗政治卫星，让全世界人民‘看得见’和‘听得到’是这颗卫星的使命，一切都要服从这个大局。”在研制中，科技人员采用加“观测裙”的方法满足了“看得见”的要求，采用装一台发射机交替播放《东方红》乐曲和发送遥测信号满足了“听得到”的要求。1969 年 10 月，东方红一号卫星的初样基本完成，并通过了环境模拟试验。1970 年 3 月 21 日，总装东方红一号两颗发射星的工作完成，整装待发。

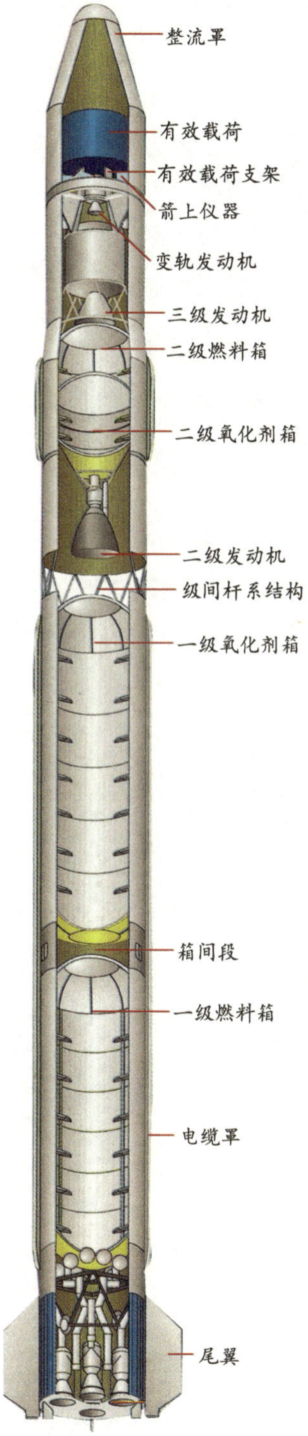

长征一号火箭结构图

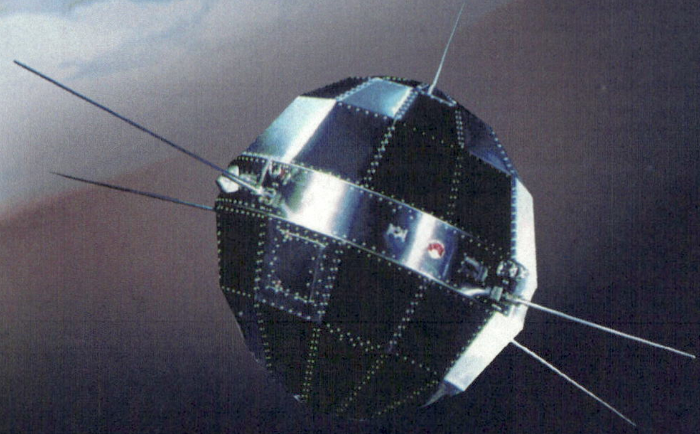

东方红一号人造地球卫星发射

1970年4月1日，长征一号运载火箭与两颗东方红一号人造地球卫星用专列运往西北酒泉发射场。4月2日，周恩来召集会议，听取第一颗人造地球卫星及其运载火箭情况的汇报，十分关心地了解运载火箭第一级落点位置，卫星运行中经过国外一些大城市的时间预报问题。他说："要对我国第一颗人造地球卫星飞经各国首都上空的时间进行预报，一定要把这件工作准备好。"中国第一颗人造地球卫星进入了发射程序。从1970年4月3日起，按计划开始对火箭和卫星进行单元测试、分系统测试、系统匹配等工作。最后认定这两颗东方红一号人造地球卫星符合设计要求。4月8日，对长征一号运载火箭进行了第一次总检查。4月9日，火箭与卫星进行了对接。4月10日全部检测工作完成。

1970年4月14日，周恩来和中央专委听取钱学森、李福泽、杨国宇、任新民、杨南生、戚发轫等人关于火箭、卫星在发射场测试情况的汇报。当汇报到发射安全问题时，周恩来说："没关系，搞科学试验嘛，成功和失败的可能性都存在，你们要尽量把工作做好，万一失败了也没有什么，继续努力就是了。"4月16日，中央批准运载火箭和卫星转往发射阵地，周总理指示说："到发射阵地后，一定要认真地，仔细地，一丝不苟、一个螺丝钉都不放过地进行测试检查，预祝这次发射一举成功。"4月20日，周恩来打电话给国防科委副主任罗舜初，对这次发射提出了"安全可靠，万无一失，准确入轨，及时预报"的要求。

东方红一号人造地球卫星内部结构

1970 年 4 月 24 日，周恩来的电话传到酒泉发射基地说："毛主席已批准了今晚的发射！请把这个喜讯告诉发射场的全体同志，希望大家鼓足干劲，仔细地做好工作，要一次成功，为祖国争光！"当晚 9 时 35 分，发射操作手按下"点火"电钮，长征一号运载火箭载着东方红一号人造地球卫星在隆隆的轰响声中发射升空。9 时 48 分，星箭分离，卫星入轨，东方红一号人造地球卫星环绕地球运行。9 时 50 分，从卫星上传来播送的《东方红》乐曲声。我国第一颗人造地球卫星发射获得圆满成功。4 月 25 日，新华社受权发表公告称："1970 年 4 月 24 日，中国成功地发射了第一颗人造地球卫星，卫星运行轨道距离地球最近点 439 公里，最远点 2384 公里，轨道平面与地球赤道平面夹角 68.5 度，绕地球一周 114 分钟。卫星重 173 千克，用 20.009 兆周的频率播送《东方红》乐曲。"中国成为世界上第五个独立研制和发射人造地球卫星的国家，世界各国盛赞中国火箭制造技术已经达到了超出想象的高水平，中国取得把第一颗人造地球卫星发射入轨的重大成就。

技术人员对东方红一号人造地球卫星实施监测

技术人员为东方红一号人造地球卫星安装天线

我国第一颗人造地球卫星东方红一号入轨后，星上能源系统和各种仪器工作正常，性能稳定。《东方红》乐音装置和短波发射机工作了 28 天，直到 1970 年 5 月 14 日才停止工作。东方红一号卫星重量超过苏、美、英、日四国第一颗卫星重量的总和，卫星的跟踪手段、信号传递方式、星上热控和试验系统，都已超出这些国家第一颗卫星的水平。

第一颗人造地球卫星的诞生，开创了中国航天的新纪元，在中国航天史上具有划时代的意义。

群众观看东方红一号人造地球卫星在天空中飞过

东方红一号人造地球卫星在厂房

第一颗科学试验卫星

我国第一颗人造地球卫星东方红一号发射成功后，中国空间技术研究院501部技术负责人孙家栋和研制设计人员提出以试验长寿命供电系统为主要任务研制第二颗人造地球卫星的方案设想。这是一颗科学探测和技术试验卫星，命名为实践一号，其任务是试验太阳能电池供电系统、主动无源温度控制、长寿命遥测设备及无线电线路在空间环境下长期工作性能，以及测量高空磁场、X射线、宇宙射线等空间环境参数。

1970年5月，按照综合利用、一次试验、全面收效的原则，提出总体方案，同年8月获得批准。运载火箭采用长征一号，实践一号科学试验卫星在很大程度上继承了东方红一号卫星的技术和经验，增加了太阳能供电系统等8项空间技术试验及空间探测设备。

实践一号科学试验卫星

检测实践一号科学试验卫星

实践一号科学试验卫星在技术厂房

实践一号卫星质量 221 千克，是一颗姿态自旋稳定的卫星，其外形与东方红一号卫星相似，直径约 1 米，在 72 面球形多面体上，有 28 面贴有太阳能电池片。卫星壳体中部为圆形密封仪器舱，其两侧有两个附舱：一个安装有长期遥测系统、镉镍电池、电源切换器电路和稳压器等；另一个装有太阳能电池组合板的限压限流器和无线移相调配网络。星上科学载荷有一个 G-M 计数计、一个铍窗积分电离室。卫星外壳上的 4 根交叉十字振子短波天线，是两个遥测系统的共用天线，采用环形移相调配网络使两个发射机相互隔离。实践一号卫星初样于 1970 年 3 月至 7 月进行试验，8 月至 12 月进行正样星总装测试。广大科技人员和工人在“文化大革命”的动乱中克服困难，排除干扰，认真负责地进行设计和加工制造，进行充分的地面试验，保证了运载火箭和卫星产品的可靠性和质量。

1971 年 3 月 3 日晚，在酒泉发射基地，实践一号卫星搭载长征一号运载火箭发射成功。卫星进入近地点 266 千米、远地点 1826 千米、倾角 69.9 度的轨道，绕地球运行一圈的周期为 106 分钟。卫星入轨后，跟踪测控系统工作良好，实现了及时预报轨道的要求。第二天，地面遥测站接收到卫星发回的短波遥测信号。到 3 月 11 日，卫星入轨后的第 8 天，全国各地的接收站都收到了两种遥测信号，表明卫星工作正常。

这颗卫星同运载火箭分离后，一直在太空正常运行并工作。实践一号设计寿命为一年，实际上直到 1979 年 6 月 11 日，卫星才停止工作，后坠落大气层烧毁，在太空实际运行 8 年时间。在太空运行期间，星上太阳能电源系统、温度控制系统及遥测系统经受住了长期空间环境的考验，这证明卫星性能良好，为我国研制长寿命、高可靠性的卫星开辟了广阔前景。

风暴一号运载火箭整装待发

风暴一号火箭发射卫星

1969年8月14日，周恩来接见国防工业军管小组、国防工办、国防科委、七机部和上海市有关负责人，代表党中央指示："上海不仅可以搞导弹，也可以搞火箭和卫星。"根据周恩来的指示精神，同年10月31日，中共中央、国务院、中央军委向上海下达"701工程"研制任务。

"701工程"指1970年的第一号任务。这个任务主要包括研制风暴一号火箭和长空一号卫星。火箭由上海机电二局借助七机部一院的设计方案负责抓总研制，承担风暴一号的设计和总装；卫星由上海机电一局抓总研制，承担长空一号的设计和总装。上海市仪表、冶金、化工、纺织等39个工业局、公司的284个单位参加这一浩大航天工程的大会战。

风暴一号是由远程地地导弹改装研制的二级液体火箭。箭长32.57米，直径3.35米，起飞质量192吨，起飞推力约2792千牛，能发射1吨重的低地球轨道卫星。上海的科技人员和工人仅用4个月时间，完成了运载火箭的设计、生产准备、试制到第一台发动机试车；随后用8个月完成了发动机四机并联试车、箭体结构静力试验、增压输送系统试验、整箭热试车、火箭总装出厂等任务。火箭在研制过程中，攻克了一系列技术难题，如火箭上采用的一种新材料，焊接容易产生裂纹，上海有名的"焊接大王"从减少焊接变形和内应力着手，抓住这种材料焊接的关键，把从材料上剪切下来的线材当焊条，采用两面三层、小电流焊法，在一个月内就取得了明显效果。用这种新材料焊接成型的燃料贮箱试验件进行内压、外压试验，都达到了技术要求。1972年8月10日，风暴一号火箭首次发射获得基本成功。

长空一号技术试验卫星，是我国第一颗重型卫星。卫星质量超过1000千克，采用三轴稳定技术，星上使用计算机，采用以程控为主、地面遥控为辅的控制方案。从1969年10月31日正式下达研制任务书，卫星经过方案设计、初样设计、正样设计三个阶段，1972年7月正式确定正样产品技术状态。1973年9月18日，长空一号在酒泉卫星发射中心进行首次发射，由于火箭二级游动发动机发生故障，卫星未能进入轨道，火箭从63千米的高空掉落到农田里，发射失败。1974年7月进行第二次发射，同样由于火箭二级主发动机出现故障，卫星也未能进入预定轨道。虽然这两次发射都由于火箭发生故障而失败，但在火箭飞行段从地面接收到的遥测数据表明，星上仪器工作正常。

长空一号技术试验卫星

第三颗长空一号卫星总装测试后，于1975年5月运到酒泉发射基地。发射前，钱学森赶到现场指导工作，7月26日21时29分，风暴一号运载火箭点火发射，携带长空一号卫星升空。卫星按程序分离，准确入轨，姿态稳定，工作正常，发射取得圆满成功。叶剑英得到发射成功的消息后，打电话给试验队说：“祝贺你们把卫星送上了天，请向参加前线工作的同志传达，向他们问好，祝他们胜利！”张爱萍听到喜讯后，赋诗赞道：“长空激雷霆，红星照寰宇。喜看风光好，再把险峰登。”中共中央、国务院、中央军委发了贺电，祝贺此次来之不易的星箭成功发射。这次卫星发射成功表明，上海基地在航天技术的发展道路上正在崛起，造就了一支航天科技队伍，为日后继续参与研制运载火箭和人造卫星奠定了坚实基础。

长征二号火箭发射返回式卫星

返回式卫星从失败到成功

根据中央专委批准的中国科学院《关于发展我国人造卫星工作规划方案建议》，1966年初开始提出研制发射对地观测的返回式卫星的设想。1970年，周恩来总理听取国防科委的研制工作汇报，决定将返回式卫星列入国家的重点工程。9月，七机部召开返回式卫星总体方案论证会，把研制发射返回式卫星的代号定为“705工程”，确定了任务分工和研制进度。

七机部一院承担研制运载火箭的任务。1970年，在远程地地导弹研制成功的基础上，由总设计师屠守锷主持设计一种取名为长征二号的大型运载火箭。长征二号是两级液体火箭，箭长约32米，最大直径3.35米，起飞质量190吨，起飞推力2748千牛，能把1800千克的卫星送入数百千米高的椭圆轨道。国防科委、七机部和北京市组织178个单位共同参加“705工程”大会战。1972年9月13日，周恩来等到七机部一院视察，特别到火箭总装车间参观了正在研制的长征二号运载火箭，并发表讲话指出：“我们的尖端产品现在是试验阶段，要加速结束这个阶段，中央希望加紧长征二号的研制进度，保证尽早把返回式卫星送上天。”但由于“文化大革命”的干扰，研制进度一再拖延。1974年2月11日，七机部召开计划会议，把长征二号发射返回式卫星列为当年的重要任务。在长征二号研制过程中，先后解决了大推力火箭发动机研制、摇摆发动机提供控制力、推进剂贮箱用自生增压、高强度铝铜合金材料加工、实现平台—计算机制导方案等关键技术问题。经过三年多时间，长征二号火箭在运载能力和制导精度方面都达到了比较先进的水平。

七机部八院（1968年2月归属中国空间技术研究院）负责研制返回式卫星，在总设计师王希季主持下，1967年9月提出方案论证报告。卫星由仪器舱和返回舱组成，总质量1800千克。卫星外形呈球头圆锥形，包括结构、热控、摄影、姿态控制、程序控制、遥测、遥控、跟踪、返回、天线和供配电系统，携带1台可见光地物相机，在轨道上对预定地区进行摄影，还有1台恒星相机对星空摄影，以校正姿态误差。卫星完成预定拍摄任务后，装有胶片暗盒的返回舱返回地面回收，取得卫星获得的图像信息。在研制过程中，攻克了空间摄影、姿态控制、温度控制、制动发动机、返回舱回收系统等技术难关，经过整星热真空试验、两舱分离试验等综合性地面试验和星地校飞与对接试验、回收区地面跟踪系统和联合空投等天地配合试验，1973年进入正样星研制阶段。1974年返回式卫星的研制工作完成。

1974 年 10 月 22 日，叶剑英主持中央专委会议，听取长征二号火箭总设计师屠守锷和卫星技术负责人孙家栋汇报箭、星交付发射的准备情况。中央专委同意发射，希望成功。11 月 5 日，在酒泉发射基地，长征二号首次发射返回式卫星，火箭起飞后即失稳，20 秒钟后坠毁。失败的原因是火箭控制系统速率陀螺仪输出的箭上电缆一根导线折断。这次失败使多少人的心血毁于一旦，是一次沉痛的教训。叶剑英立即指示说："失败是成功之母，不要颓丧，要继续奋斗，再接再厉，一定要达到目的。"

1975 年，张爱萍复出工作，提出大力整顿，恢复正常的科研生产秩序，保证长征二号做到"精心保健""一鸣翔天"。1975 年 3 月 28 日，他到七机部一院"老大难"单位蹲点，说："过去好几年的时间失掉了，现在要用最短的时间抢回来。"七机部上下进行科研生产整顿，全面复查第二枚长征二号火箭质量。同年 7 月，张爱萍在火箭总装车间要求大家进一步把工作做细，不要急于求成，凡是能在地面上发现的问题一定要发现，一切能解决的问题一定要解决，不带问题上天，做到一次成功。1975 年 7 月 1 日，中央调整了七机部的领导班子，汪洋被任命为七机部部长，李光军、强晓初、王星、陆平、程连昌、张怀忠、张钧、任新民任副部长，谷广善任部顾问。七机部新的领导班子为消除"文化大革命"的破坏和影响，进行整顿，扭转科研生产瘫痪、半瘫痪局面，做了大量工作。

1975 年 10 月 12 日，第二枚长征二号火箭和返回式卫星从北京运到酒泉发射场。1975 年 11 月 26 日，长征二号火箭发射返回式卫星。火箭按预定程序飞行，将卫星送上预定轨道，轨道近地点 173 千米，远地点 483 千米，轨道倾角 63 度，入轨精度符合设计要求。卫星在轨道上运行了 3 天，各主要系统工作正常。11 月 29 日，卫星按预定时间返回地面，虽然返回舱裙部烧坏，落点偏差较大，但仍取得了预定的遥感资料，发射和回收均获得成功。

1976 年 12 月 7 日和 1978 年 1 月 26 日，我国长征二号运载火箭又连续两次成功发射返回式卫星，而且卫星在太空运行 3 天后成功返回地面，返回舱及舱内仪器完好无损，圆满完成回收任务。中国成为世界上第三个掌握卫星返回技术的国家。

返回式卫星安全降落

建立第一座航天发射场

1970 年 4 月，我国第一颗人造卫星升空飞行，第一座航天发射场诞生了。

1958 年 2 月 26 日，毛泽东批准中央军委《关于选择导弹试验靶场的报告》。在此之前，按照国防部长彭德怀指示，由陈锡联率领从朝鲜战场上召回的 20 兵团代司令员孙继先一行和苏联专家一起，从空中选择酒泉北面内蒙古额济纳一带沙漠地区建设导弹综合试验靶场。

从 1958 年 4 月开始，陈士榘上将率领特种工程兵部队，集结了近 10 万大军，在荒无人烟的戈壁滩上建设我国第一个导弹试验靶场。经过两年半的艰苦奋斗，这个综合导弹试验靶场终于在"天上无飞鸟，地上不长草，遍地无人烟，风吹石头跑"的茫茫戈壁滩上耸立起来。最初，吕琳、张贻祥先后受命开始试验靶场的筹建工作。酒泉导弹试验基地建成后，中央军委任命孙继先为第一任司令员，栗在山为第一任政委，后来他们又分别被任命为国防部五院副院长、副政委，组建起一支 3000 多人的导弹试验队伍，配备起测试发射系统、跟踪测量系统、指挥控制系统以及保障设施，酒泉导弹试验基地具备了发射能力。1960 年 9 月 10 日，这里首次用国产燃料发射成功苏制近程导弹。同年 11 月 5 日，我国仿制的东风一号近程地地导弹从这里起飞，发射获得成功。1964 年 6 月 29 日，我国自行设计的东风二号中近程地地导弹从这里传出捷报。之后，酒泉导弹试验基地又成为我国中程到洲际导弹成功腾飞之地。

从1965年开始，根据我国空间技术发展规划，在酒泉导弹发射基地的基础上，建成一座可以发射多级运载火箭和人造卫星的发射场区，有两个发射工位，其中最壮观的设施是高55米的一号龙门塔，总重量达1400千克，可在两个工位的重型钢轨上缓慢移动。塔顶有起重设备，用来将多级火箭和卫星逐级吊装到发射台进行对接。还有一座高37米的固定塔，用来安装、固定各种气、液管道和电缆。卫星发射设施已初具规模。1970年4月24日，这里升起了我国第一颗人造地球卫星，酒泉卫星发射中心从此闻名遐迩。

最终建成的酒泉卫星发射中心，地处甘肃、内蒙古交界的巴丹吉林沙漠西部，海拔1000米左右，地势平坦，人烟稀少。大部分时间受高空西风影响，具有典型大陆性气候特点，年平均气温9℃左右，相对湿度较低，常年干燥、少雨、雷电少，四季多晴天，云量小，日照强。这种气象特点便于发射窗口的选择，为发射卫星提供了良好的环境条件，全年均可执行发射任务。中心毗邻大型机场，发电厂、气象站、测控站、铁路、公路设施都已配套齐全，能承担运载火箭发射和航天器在轨运行的跟踪、测量和安全控制任务。

酒泉卫星发射中心是我国第一座航天发射场，主要用于执行中轨道、低轨道和高倾角轨道的科学试验卫星和返回式卫星的发射任务。21世纪初，原有卫星发射场已退出现役，新建了更先进的卫星发射工位，同时还建成了最现代化的载人航天发射场。

在酒泉以北的沙漠地带建设导弹发射基地

“两弹一星”的成功经验

20 世纪 60 年代以来，我国以“两弹一星”为标志的尖端科技取得了突破性进展。1960 年第一枚仿制的近程导弹发射成功，1964 年第一枚自行研制的中近程导弹飞行试验成功，同年第一颗原子弹试爆成功，1966 年第一次导弹核武器试验圆满成功，1967 年第一颗氢弹爆炸成功，1970 年第一颗人造地球卫星升空遨游，1971 年第一枚远程地地导弹发射试验基本成功，1975 年我国返回式卫星发射和回收成功。我国“两弹一星”工程的圆满成功，是中国航天发展史上的第一座里程碑。

1999 年 9 月 18 日，中共中央、国务院、中央军委隆重举行表彰大会，表彰为研制“两弹一星”作出突出贡献的科技专家，授予钱学森、钱三强等 23 位科技专家“两弹一星”功勋奖章。其中主要在航天工业部门的科技专家有钱学森、孙家栋、任新民、屠守锷、王希季、杨嘉墀、黄纬禄、钱骥、姚桐斌 9 人，在中科院、总装备部、核工业部门的科技专家有于敏、王大珩、王淦昌、邓稼先、朱光亚、吴自良、陈芳允、陈能宽、周光召、赵九章、钱三强、郭永怀、程开甲、彭桓武 14 人。他们在攀登现代科技高峰的征途上创造的非凡的人间奇迹，载入了中华民族的光辉史册。

钱学森

任新民

屠守锷

孙家栋

王希季

杨嘉墀

黄纬禄

钱　骥

姚桐斌

于　敏

王大珩

王淦昌

邓稼先

朱光亚

钱三强

郭永怀

陈能宽

程开甲

彭恒武

陈芳允

周光召

吴自良

赵九章

我国“两弹一星”工程的成功，是中国人民勇攀科技高峰的空前壮举，为我国实现国防科学技术的跨越发展创造了宝贵的经验。

第一，坚持党的统一领导，充分发挥我国社会主义制度的政治优势。按照中央的决策和制定的方针、原则和政策，在党的统一领导下，统一规划，统一组织管理，全国“一盘棋”，组织全国大协作，集中全国优势资源，动员各方面的力量，集智攻关。仅研制运载火箭和人造卫星，就共有26个部委、27个省市区、1300个单位的优势力量大力协同，表现出了社会主义中国攻克尖端科技难关的伟大创造力量。

第二，坚持自力更生，立足自主创新。“两弹一星”事业只能依靠我们自己的力量来完成。国防尖端技术不可能从国外直接拿来，即使有的一时可以从国外引进，但也要进行有效的学习、消化和新的创造，否则还要受制于人。我们的科技人员充分发挥自己的聪明才智，知难而进，敢于创新，奋力攻关，解决了一个个重大技术难题，制造出了一台台新的设备、仪器、仪表，不断取得航天的重大成功。航天战线的广大职工自强不息，发愤图强，依靠自己的力量顺利完成了第一代航天型号的研制，奠定了完全独立研制的坚实基础。自力更生、自主创新，是我们在世界高科技领域占有一席之地的重要基石。

第三，坚持有所为，有所不为，集中力量打“歼灭战”。根据国家的需要，选准攻关的重点方向，把有限的人力、物力、财力集中起来，优化组合，形成拳头，变总体的劣势为局部的优势。在物质技术基础比较落后的条件下，只能选择一些对国民经济发展和国防建设产生重大作用的关键技术，动员各方面的力量，大力协同，联合攻关，取得重点突破。

第四，坚持尊重人才，聚集和培养了一支能攻善战的科技队伍。党和国家充分信任和大胆使用来自各个方面的科技专家和科技人员，充分发挥他们的积极性、主动性和创造性，同时在艰苦的研制工作中培养和造就了年轻一代的科技人才。这支具有强烈爱国情怀和事业心的高素质、高水平团队，保证航天事业不断取得新的成就。

第五，坚持科学管理，运用系统工程思想，提高核心竞争力。在研制中形成了科学严谨的系统工程决策体系，包括以专项管理为核心的组织体系，以工程总体设计部为龙头的技术体系，还建立了一套综合统筹的计划协调体系和系统规范的质量管理体系，强调和完善了科学化管理和信息化建设，极大地提高了可靠性和效率，从而保证了“两弹一星”任务的成功和航天事业的发展。

1999年9月，江泽民在表彰为研制“两弹一星”作出突出贡献的科技专家大会上的讲话中指出：“‘两弹一星’事业的发展，不仅使我国的国防实力发生了质的飞跃，而且广泛带动了我国科技事业的发展，促进了我国的社会主义建设，造就了一支能吃苦、能攻关、能创新、能协作的科技队伍，极大地增强了全国人民开拓前进、奋发图强的信心和力量。‘两弹一星’的伟业，是新中国建设成就的重要象征，是中华民族的荣耀与骄傲，也是人类文明史上一个勇攀科技高峰的空前壮举。”江泽民在讲话中还深刻地阐述了“两弹一星”精神，他说：“伟大的事业，产生伟大的精神。在为‘两弹一星’事业进行的奋斗中，广大研制工作者培育和发扬了一种崇高的精神，这就是热爱祖国、无私奉献、自力更生、艰苦奋斗、大力协同、勇于登攀的‘两弹一星’精神。”总之，“两弹一星”为中华民族几千年的文明创造史书写了新的光彩夺目的篇章，“两弹一星”的功臣们和其他一起为祖国作出贡献的人们永载史册。

1988年10月，我国改革开放和现代化建设的总设计师邓小平指出：“如果60年代以来中国没有原子弹、氢弹，没有发射卫星，中国就不能叫有重要影响的大国，就没有现在这样的国际地位。这些东西反映一个民族的能力，也是一个民族、一个国家兴旺发达的标志。”我国“两弹一星”的成功，表明我国迅速改变了在尖端科学技术上的落后状况，不仅增强了国防实力和综合国力，推动了国民经济和国防现代化的发展，而且在国际上赢得了一席之地，过去长期受人欺侮的中国终于扬眉吐气，屹立于世界民族之林。

聂荣臻元帅现场指导“两弹结合”试验

两弹结合试验导弹进场

安装弹头

万无一失

第三章 改革振兴

“文化大革命”结束后，在党的十一届三中全会精神指引下，中国航天事业进入一个新的发展时期。在改革开放的形势下，中国航天实行“军民结合，平战结合，军品优先，以民养军”的方针，逐步建立起军民结合体制，从军工小天地走上为国民经济建设服务的主战场。航天事业从试验阶段跨入应用阶段，开始为国计民生服务，提高航天的社会效益和经济效益，航天应用取得突破性进展。

1977 年 10 月，中央任命宋任穷为七机部部长，刘有光任第一副部长，陆平、王星、任新民、张钧、张怀忠、王纯、段毅、李昌安、杨培先、芮杏文、郑天翔先后任副部长。1978 年 12 月，郑天翔任七机部部长。1979 年 1 月，陆平、王星、张钧、段毅、李昌安、杨培先、芮杏文、李明实、梁骥、林爽、鲁之洙、张镰斧、李绪鄂、宋健、郭允中、冀绍凯先后任副部长。经过拨乱反正，七机部所属单位很快出现安定团结的局面，恢复科研生产秩序，各项工作出现了新的气象。1981 年 9 月，七机部与八机部合并，保留七机部名称，统一管理地空、海防等战术导弹和战略导弹以及空间技术的研制与生产。1982 年 4 月，七机部改为航天工业部，张钧任部长，李绪鄂、芮杏文、宋健、程连昌、刘纪原、鲍克明、孙家栋先后任副部长。经过改革开放和全面整顿，航天科技工业实现由封闭式单一产品生产向开放型的军民结合、多品种生产转变，由科研生产型向科研生产经营开拓型转变，随着形势发生重大变化，出现了新的局面。

这一阶段的标志性成果是：1980 年 5 月 18 日，东风五号洲际导弹全程飞行试验成功。1981 年 9 月 20 日，“一箭三星”发射成功。1982 年 10 月 12 日，巨浪一号潜地导弹发射成功。1984 年 4 月 8 日，长征三号运载火箭成功地把东方红二号通信卫星送入太空遨游。1988 年 9 月 7 日，长征四号甲运载火箭成功发射第一颗风云一号气象卫星。1994 年以后，长征三号甲大推力运载火箭发射成功，东方红三号通信卫星、风云二号气象卫星和资源一号卫星相继升空运行。

实施航天三项重点工程

1977 年 9 月 18 日，中共中央批准：集中力量，突出重点，大力抓好洲际导弹、潜地导弹和通信卫星研制试验的“三抓”任务。国防科委主任张爱萍主持制定我国战略导弹和航天技术新的发展规划，确定了 20 世纪 80 年代前期的主要目标：向太平洋海域发射远程火箭（洲际导弹）、从水下潜艇发射固体运载火箭（潜地导弹）、发射静止轨道试验通信卫星。这三项重点工程成为举国关注的航天“三抓”任务。

东风五号远程火箭发射

1977 年 10 月，国防科委、七机部召开专门会议，研究航天三项重点工程的计划进度，确定了研制分工，提出了统一设计、统一规划、统一管理的具体措施。根据任务的需要，调整布局，调配技术力量，保持科技队伍的稳定，保证科研人员有充分的时间开展科研工作。10 月 20 日，宋任穷被中央任命为七机部部长，肩负起实施“三抓”任务的使命。同年 12 月 24 日，七机部召开计划会议，对当务之急的“三抓”任务做了精心部署，指出实现“三抓”目标是维护国家、民族利益之必需，是具有历史意义的大事。

七机部为尽快恢复科研生产秩序，加强和健全科技管理工作，首先在所属研制单位恢复建立型号研制设计师制度，任命屠守锷为洲际导弹总设计师，黄纬禄为潜地导弹总设计师，任新民为卫星通信工程总设计师，健全了技术指挥系统。同时按行政隶属关系，加强了以计划调度为中心的行政指挥系统，从而健全了两条指挥线。此外，恢复和建立了各种必要的规章制度，强调按研制程序办事，坚持文明科研、文明生产；明确规定建立岗位责任制，严格执行规章制度，严格规范工艺流程，严格加强质量检验，坚决做到不合格的材料不投产，不合格的零件不装配，不合格的产品不出厂。国防科委要求在国防尖端项目的研究、设计、试制的全过程中，严格进行质量检验和评审。为解决洲际导弹、潜地导弹和通信卫星三项重点任务所需的电子元器件的质量问题，1978 年 12 月，国防科委与四机部、七机部等部门共同协商，制定了包括：1. 专用批量、2. 专人操作、3. 专选材料、4. 专机加工、5. 专职检验、6. 专门筛选、7. 专立卡片七个方面的“七专”质量控制和反馈办法，要求所属工厂实现“七专”，大大提高了电子元器件的质量。同时，七机部还恢复和建立了各级科学技术委员会，发扬技术民主，发挥专家在技术决策中的作用。

1978年8月1日，邓小平在听取七机部汇报时指出：“中国是发展中的国家，在空间技术方面，中国不参加太空竞赛，要把力量集中到急用、实用的应用卫星上来。”同时还指出：“国防工业要在国家统一计划中，以军为主，搞军民结合。”中共中央对国防工业提出了“军民结合，平战结合，军品优先，以民养军”的方针。航天工业战线在贯彻这些指示和方针时，一方面集中主要力量实施三项重点任务，其他型号则放慢研制进度或暂停，缩短研制战线；另一方面下决心调整科研生产内部的比例关系，加强单项技术预研和新工艺、新材料、新设备、新技术的研究试验，加强技术后方工作。这些整顿和调整，为“三抓”任务的实施打下了良好基础。

静止轨道试验通信卫星

“三抓”任务的顺利实现，需要建立一个布局合理、工作协调、适应性强的导弹、卫星测控网，特别是建成远洋测量船队。1977年1月，国防科委就确定重点建设北京试验指挥所、洲际导弹全程飞行试验通信系统和海上测量船队，并在此基础上，再建设潜地导弹海上飞行试验测控系统和地球同步通信卫星测控系统，逐步形成一定规模的导弹、卫星测控网。1978年12月，两艘远望号远洋测量船出海首次试航，建立起了海上测量船队，创造了航天试验海上测控的必要条件。

潜地导弹在技术厂房

从1977年开始，经过7年的艰苦努力，在全国各行各业的支援和协作下，“三抓”任务相继胜利完成。

洲际导弹全程飞行试验

中国的洲际导弹第一批试验弹早在1971年就已研制完成，发射试验只取得局部成功。1975年5月，毛泽东提出争取时间，早日拿出洲际导弹来。邓小平对张爱萍说："你大胆干，错了我负责。"张爱萍带领工作组深入到七机部的研究所和工厂，蹲点调查研究，开展全面整顿，同时提出"团结一致，上下一心，树雄心，立壮志，尽早研制出战备需要的战略导弹"的任务要求。但由于所谓"反击右倾翻案风"的破坏干扰，这一任务被拖延了。

直到粉碎"四人帮"后，研制洲际导弹的工作才又提上日程。1977年9月，中央批准"三抓"任务，把研制发射洲际导弹作为首要任务。国防科委即部署加快研制工作，决定1980年向太平洋海域进行全程发射试验，并将其定为"580"任务。经过两年时间，东风五号洲际导弹通过改进设计和地面试验，解决了弹头防热等一系列关键技术问题。1979年，中央专委要求所有研制单位周到细致地做好洲际导弹全程飞行试验的一切准备，争取一次成功。张爱萍提出："必须在1979年12月31日24时之前完成发射洲际导弹的一切准备工作。"

矗立在发射架上的东风五号洲际弹道导弹

我国研制全程飞行试验的洲际导弹（常称远程运载火箭）由七机部一院总体负责，屠守锷被任命为总设计师，张镰斧为总指挥。东风五号洲际导弹全程飞行试验是一项复杂而精密的大型工程，其特点如下。

射程远。导弹从西北导弹发射基地起飞到达太平洋预定海域，要飞越地球经度约70度，斜穿地球纬度48度，射程10000千米。落区远离中国大陆，测量船队要在复杂的海况下完成弹头再入段弹道和落点测量、打捞回收数据舱等任务。

规模大。试验包括测试发射、陆上测控、海上测量、海上护航以及通信、气象、水文、航空、后勤保障、组织指挥等10多个系统，直接参试人员有7万人，参试设备近万台（套），遍布中国大陆和广阔的国际海域。

技术复杂。导弹测试发射系统、陆上和海上测量系统及其他保障系统，都有众多复杂的技术设备，任何一点疏忽或一台仪器设备发生故障，都将影响整个试验的完成。

1978 年 12 月，国防科委组织实施洲际导弹研制、试验靶场、工程测绘、陆上测控、陆海通信、水文气象、航空保障、远洋测量、护航舰队、组织指挥等 14 个方面的工作计划，要求各有关单位大力协同，保质保量完成任务。1980 年 1 月，洲际弹道导弹的研制和试验准备工作取得很大进展：导弹经过测试，质量合格；陆上发射区已具备进行发射试验的条件；从陆上到海上的测控、通信准备工作基本完成；海上落区已选定，航区安全有保证；海上护航编队已作出部署。2 月 20 日，中央专委会议审议了洲际导弹全程飞行试验的准备情况及实施计划，批准了国防科委提出的试验实施方案。

东风五号洲际弹道导弹发射

1980 年 3 月，东风五号洲际导弹全程飞行试验进入实施阶段。在发射区，国防科委副主任马捷任总指挥，七机部副部长任新民任副总指挥，七机部副部长张镰斧、总设计师屠守锷率领试验队组织试验工作。国防科委主任张爱萍、政委李耀文发布洲际导弹全程试验动员令，陈彬、钱学森等参与具体组织领导工作。5 月，参试人员对导弹和所有设备一丝不苟、精心检测、排除隐患，有针对性地采取相应的技术措施，制定了应急处置方案；远洋测量船队和护航舰队抵达预定试验海域，进行了船岸通信、气象观测，完成了各项技术准备工作。

1980 年 5 月 9 日，新华社受权发布公告："中华人民共和国将于 1980 年 5 月 12 日至 6 月 10 日，由中国本土向太平洋南纬 7 度 0 分、东经 171 度 33 分为中心，半径 70 海里圆形海域范围内的公海上，发射运载火箭试验。"5 月 18 日凌晨，在酒泉发射基地的高大塔架上，乳白色的洲际导弹高耸入云。10 时整，东风五号洲际导弹准时发射，拔地腾空，划破长空，扶摇万里，30 分钟后弹头回收舱准确落到南太平洋预定海域，全程发射试验获得圆满成功。聂荣臻说："这样大的试验，只有靠大家艰苦奋斗，共同努力，才能成功。"

中共中央、国务院、中央军委发出贺电，高度评价这次发射取得的成功。贺电指出，这次试验的成功，是发扬自力更生、艰苦奋斗的革命精神，团结一致，大力协同，刻苦钻研，辛勤劳动的结果。这次试验，标志着我国运载火箭技术达到了新的水平。1980 年 6 月 10 日，在人民大会堂举行庆祝大会，庆祝东风五号洲际导弹全程飞行试验获得圆满成功。胡耀邦在大会上发表讲话并指出："这次远程运载火箭发射成功，表明中国人民在掌握现代精密科学技术的道路上前进了重要的一步，表明中国的国防实力有了新的提高和增强。"

潜艇水下发射固体导弹

巨浪一号导弹在厂房

早在 1965 年，中央专委就明确提出，要争取提前搞出固体燃料火箭。1966 年 5 月，七机部四院开始组织研制第一个固体导弹型号。1967 年 3 月，中央专委决定研制装备核潜艇的固体战略导弹，导弹命名为巨龙七十一号，后来改名为巨浪一号。1967 年开始由七机部一院总体负责，1979 年转由七机部二院负责研制，黄纬禄被任命为总设计师，程连昌为总指挥，后又任命宋健为第一副总设计师。在他们的组织下，巨浪一号固体导弹的研制工作顺利展开。

我国第一次研制的固体导弹，越过单级火箭，直接研制两级火箭；越过陆基火箭，直接研制潜艇水下发射火箭。1967 年 6 月，航天科技人员开始进行全尺寸模型弹方案论证以及缩比模型弹的设计和研制，在方案论证中采用了经陆上发射平台、陆上发射筒发射试验考核后，直接进行潜艇水下发射试验的“台、筒、艇”三步试验程序。随着研制条件不断完善，他们先后完成总体方案的试验研究、水下发射技术的研究、固体发动机的技术突破。经过近 8 年的鏖战，巨浪一号固体导弹通过了初样研制关，各系统的技术关键都取得了突破性进展。

1977 年 9 月 18 日，经国务院与中央军委批准，将巨浪一号固体导弹列为“三抓”任务之一。1978 年 7 月，七机部召开巨浪一号研制工作会议，全面制订了研制工作计划，健全了以黄纬禄为总设计师的技术指挥系统，以程连昌为总指挥的行政指挥调度系统，加强了组织领导，建立了技术责任制，从而加快了巨浪一号固体导弹的研制步伐。

1980 年，在全国近百个科研单位和工厂的协作下，首发潜地导弹的各类设备陆续齐全，总装完成。1981 年 6 月 17 日，巨浪一号陆台状态遥测弹在试验基地发射成功。1982 年 1 月 7 日，第一次陆筒发射遥测弹的飞行试验获得成功。巨浪一号在完成了陆上发射台、陆上发射筒的飞行试验后，进入在潜艇上进行水下发射的飞行试验阶段。

1982 年 3 月，巨浪一号固体导弹海上试验总指挥部领导小组成立，中国将首次在公海上进行潜艇水下发射固体导弹试验。张爱萍要求一切为试验做准备的项目必须在 1982 年 9 月 30 日晚 12 时前完成。6 月，第一发海上发射试验的遥测弹进入靶场，来自全国各地区、各部门的 1000 多名参试人员，在发射区指挥部的领导下，从难从严要求，连续奋战 4 个月，做好了三发导弹的测试准备工作，同时还先后进行了潜艇水下发射状态的导弹与潜艇的合练、匹配试验，以及大量的地面设备、观测设备和通信、气象、安全、救生等设施的检测、试验和演练。张爱萍到试验地视察和动员，他说：

巨浪一号导弹

“固体火箭在海上发射是第一次，缺乏经验，要兢兢业业，谦虚谨慎，齐心协力，团结奋斗；要相互支持，互相谅解，不要互相闹别扭；要争气、争光，不要赌气；工作上要提高警惕，哪怕是细小的事都要认真周到；要争取时间，但不是赶时间，要以质量为主。”试验准备工作完成后，1982 年 10 月 1 日国庆节新华社受权发布公告：中华人民共和国将于 1982 年 10 月 7 日至 10 月 26 日，从北部海区向以北纬 28 度 13 分、东经 123 度 53 分为中心，在半径 35 海里的圆形海域范围内的公海上发射运载火箭。

1982 年 10 月 7 日，巨浪一号用潜艇进行第一发遥测弹发射试验，但出水点火后不久导弹失控翻转，在空中自毁，试验失败。经过总结经验教训，分析找到了故障原因。10 月 12 日 15 时再次进行发射试验，试验潜艇在预定时刻驶向发射点，巨浪一号导弹自潜艇上按时发射，跃出水面，飞行正常，导弹准确落入预定海域，试验发射取得圆满成功。1982 年 10 月 16 日，中共中央、国务院、中央军委发出贺电指出：这次试验成功，标志着中国运载火箭技术又有了新的发展。

我国巨浪一号固体导弹潜艇水下发射试验成功，表明中国的战略导弹从液体发展到固体，从陆上发展到水下，从固定阵地发展到隐蔽机动发射。中国成为世界上第五个拥有潜艇水下发射导弹能力的国家。

成功发射水下固体导弹

黄纬禄、程连昌与参加研制潜地导弹的科技人员

水下发射固体导弹的潜艇

开始实施卫星通信工程

1965年，世界上第一颗商用通信卫星发射上天，掀开了卫星通信时代的帷幕。1974年5月29日，周恩来看到邮电部黄仲玉等三位同志关于发展我国通信卫星的建议信，立即批示给国家计委和国防科委：先将通信卫星制造、协作和使用方针定下来，然后再按计划分工，做出规划，督促进行。

1975年2月17日，国家计委、国防科委报送《关于发展我国卫星通信问题的报告》。3月31日，中央军委会议讨论了这个报告，报送毛泽东圈阅批准，将卫星通信工程命名为“331工程”，正式列入国家计划。

331工程包括：1通信卫星、2运载火箭、3测控通信、4发射场、5地面站五大系统，七机部负责运载火箭和通信卫星的研制任务。1977年七机部建立了设计师系统和调度指挥系统，任新民任331工程总设计师；运载火箭采用长征三号，由七机部一院和上海机电二局负责研制，谢光选任运载火箭总设计师；通信卫星命名为东方红二号，由七机部五院负责研制，孙家栋、戚发轫先后任总设计师。

1977年9月，国家将331工程列为航天战线的三项重点工程之一。10月，国防科委、七机部召开专门会议，落实研制、发射任务。

331工程的运载火箭长征三号，决定火箭第三级发动机采用低温液氢液氧推进剂的二次启动方案。1978年3月完成火箭总体方案设计，第一、二级以远程液体导弹为原型进行修改设计，第三级采用液氢液氧低温高能推进剂的发动机。火箭全长44.86米，第一、二级直径3.35米，第三级直径2.25米，起飞质量202吨，起飞推力2962千牛，地球同步转移轨道的运载能力为1.4吨。长征三号运载火箭的研制，先后攻克了低温材料、氢氧发动机、纵向耦合振动等难关，解决了轴承强度、液氢泄漏起火、燃气发生器烧穿、涡轮泵次同步共振和试车中出现“缩火”等难题，特别是从1980年到1983年6月，先后进行发动机试车100余次，长征三号火箭研制工作基本完成。1983年10月，第一枚长征三号运载火箭被运到西昌卫星发射场。

331工程的通信卫星东方红二号，1975年就确定选用静止轨道试验通信卫星方案。这个方案采用了既先进又可行的双自旋稳定方式、覆球波束通信天线和具有宽窄两通道的中频放大式转发器、综合利用的微波统一载波体制的测控系统、简单可靠的固体发动机作为远地点变轨发动机、被动式的星地大回路控制方式。卫星呈圆柱体，最大高度3.1米，太阳能电池筒体直径2.1米，起飞质量900千克，入轨后质量420千克，由1结构、2温控、3能源、4控制、5遥测、6遥控、7跟踪、8远地点发动机、9通信转发器、10天线10个系统组成，备有两套转发器。1979年11月，卫星各分系统初样产品顺利通过试验，卫星研制进入正样阶段。从1981年至1983年9月，完成卫星正样仪器的生产、试验以及整星试验，攻克了转发器、天线、统一载波测控系统等技术难关，最后研制成功满足各项设计指标要求、质量合格的卫星产品，运抵西昌卫星发射场。

1983年8月，国务院、中央军委责成国防科委统一指挥组织通信卫星的试验发射工作。10月29日，张爱萍在西昌卫星发射场要求大家把工作做细，千万不要功亏一篑。

1984 年 1 月 29 日，我国第一次用长征三号运载火箭发射东方红二号试验通信卫星。火箭第一、二级飞行正常，第三级的第一次点火和关机也正常，但是第三级第二次点火后 3 秒钟发生故障，卫星只被送入一条远地点高度为 6480 千米的椭圆轨道，未能进入预定的静止转移轨道，发射没有成功。331 工程第一次发射失利后，全体研制、试验人员认真检查故障原因，积极进行研究和改进，反复试验，重新研制出第二枚长征三号运载火箭和第二颗东方红二号通信卫星，3 月 23 日竖在了西昌卫星发射场的高大发射架上，3 月 26 日各项测试完全符合要求。

东方红二号试验通信卫星与整流罩合拢

1984 年 4 月 8 日 19 时 20 分，第二枚长征三号运载火箭托举着东方红二号试验通信卫星发射升空，20 分钟后卫星被准确送入预定轨道。4 月 10 日星上远地点发动机点火，卫星进入准静止轨道。卫星在克服漂移过程中蓄电池热失控的故障难题后，正确选择了长期运行姿态，保证 4 月 16 日卫星成功定点于东经 125 度赤道上空，整个发射获得圆满成功。

东方红二号卫星定点后，同各个地面通信站进行了通信、广播和电视转播试验，效果良好。1984 年 4 月 18 日，张爱萍在北京试验指挥所利用试验通信卫星与远在新疆的王恩茂通话。王恩茂说：“乌鲁木齐市各族人民第一次看到了中央电视台播送的当天新闻，感谢你们为祖国、为人民作出了很大贡献。”张爱萍说：“这是参加研制试验的全体同志努力的结果，全国人民包括新疆人民大力支持的结果。”

东方红二号试验通信卫星发射成功，标志着中国航天空间技术进入应用阶段。聂荣臻在贺信中说：“中国的国防科技事业，从一张白纸，到能发射地球同步卫星，这是了不起的飞跃。”4 月 19 日，张爱萍在接见新华社记者时强调指出：“我国是完全依靠自己的力量完成通信卫星试验的，这次试验表明，我国的运载火箭技术水平不亚于其他先进国家，卫星通信技术也接近世界先进水平。”

1984 年 4 月 30 日，在人民大会堂举行了庆祝我国试验通信卫星发射成功大会。这次试验通信卫星的研制和发射，表明中国成为世界上第五个能独立研制和发射静止轨道卫星的国家、第三个掌握先进的低温火箭技术的国家。

西昌卫星发射中心建成

1984 年，我国试验通信卫星发射成功，西昌卫星发射中心在四川西南的邛海之畔耸立起来。

1970 年 12 月，国务院、中央军委就批准在西昌建设卫星发射场，并将其列为国家重点工程。但直到 1978 年 6 月，国防科委、四川省和成都军区共同成立工程建设领导小组，推动和加快了建设进度。

西昌卫星发射中心四周环山，平均海拔 1800 米，年中平均气温为 18° C，属于亚热带季风性气候，地理坐标为东经 102 度、北纬 28.2 度，适于发射地球同步轨道卫星。

1983 年，西昌卫星发射中心建成。它由指挥控制中心、发射中心、通信总站、跟踪测量站以及相关保障系统组成。在指挥控制、测试发射、通信等系统，配备了大量先进的自动化设备，使用了以多功能计算机为中心的测试发控系统。从发射场到指挥控制中心的光缆，与微波、有线等通信设备一起，能完成发射场区的图像传输、高容量数据传输和通信任务。

在指挥控制大厅，配有调度、显示、记录等设备。大厅正面有宽 18 米、高 6 米的大型组合显示屏，其中心部位是一个宽 5.3 米、高 4 米的电视投影屏幕，可直观地看到发射场工作情况、火箭飞行的弹道曲线和特征参数。电视投影屏幕两侧的 8 块组合显示板，可以实时显示调度指挥口令、发射准备和火箭飞行等 100 多种工作状态。火箭起飞后，指挥大厅的大型电子计算机能将接收到的信息迅速进行运算处理，及时传输到西安卫星测控中心和北京试验指挥所。

西昌卫星发射中心

矗立在发射架上的长征三号丙运载火箭

在技术区，建有转载厂房、火箭测试厂房、单元测试楼、卫星远地点发动机测试间、卫星厂房、卫星加注总装厂房等，两侧是运载火箭和卫星综合测试间。后来又新建了卫星总装测试厂房、固体发动机探伤工房、国际卫星通信地面站等。火箭在技术区进行卸车、状态恢复、各系统仪器的测试、发动机测试，测试完成后的仪器安装到火箭上，并做好转发射区的准备工作。卫星在技术区进行卸车、卫星上仪器设备的安装、卫星测试和推进剂加注，并完成与火箭上的卫星支架的对接工作。

在发射区，建有二号和三号两个发射工位，相距约 0.8 千米。每个发射工位包括发射场坪、发射台、导流槽、活动发射塔、固定发射塔、前端设备间、常规推进剂加注系统、低温推进剂加注系统、消防系统、供气系统、供水系统、供电系统、空调系统和避雷塔等保障系统。最早建立的二号工位塔高 77 米，用于发射长征三号、长征三号甲运载火箭；后建立的三号工位塔高 96.9 米，主要用于发射长征二号 E 和长征三号乙、长征三号丙运载火箭。

西昌卫星发射中心还配备有激光电影经纬仪、单脉冲雷达、连续波干涉仪、超短波遥测设备、连续波雷达、引导设备以及各种通信设备等。这个中心与西昌、宜宾、贵阳等地设置的跟踪测量站和部署在三大洋上的远望号测量船，可以完成火箭和卫星飞行的跟踪测量任务。

西昌卫星发射中心主要用于执行高轨道卫星特别是地球同步轨道卫星的发射任务。

风暴一号火箭在厂房

突破“一箭三星”技术

1977年12月，根据中央专委的部署要求，七机部计划会议决定：由上海机电二局负责研制用于发射一组三颗卫星的运载火箭，由第五研究院负责研制实践二号三颗科学探测卫星。用一枚火箭同时发射三颗卫星在技术上必须要有新的突破。

上海机电二局负责研制风暴一号运载火箭，孙敬良是技术负责人。风暴一号火箭原用于发射1颗1吨重的重型卫星，现要用来同时载运3颗卫星上天，必须对火箭进行改进。火箭总体主任设计师施金苗带领团队，组织第一、二级火箭的全箭振动试验，掌握火箭的结构动力学特征，解决适应多星带来的弹性振动频率散布的问题；精心安排卫星分离程序，增加反推火箭以保证所需的分离速度；改进制导方法，以提高入轨精度。此外，还通过挖潜进一步提高火箭的运载能力，尽量提高卫星的轨道高度，以延长使用寿命。

七机部第五研究院研制的实践二号空间物理探测实验卫星，杨嘉墀是总设计师。除实践二号空间物理探测试验卫星外，还增加了实践二号甲电离层探测卫星和实践二号乙雷达定标卫星。实践二号卫星质量250千克，主体为一个外接圆直径1.23米、高1.1米的八面棱柱体，在四个侧面上各装一块矩形太阳能电池帆板。卫星安排了8个空间物理探测项目，包括高空磁场、质子、电子、大气红外辐射、大气紫外辐射、太阳中紫外辐射、太阳X射线、高空中性大气密度。通过这些探测，对空间物理现象进行综合性分析，为太阳活动预报和太阳活动峰年的观测提供数据，为应用卫星提供高空物理背景参数。实践二号甲卫星质量480千克，采用银锌电池供电；实践二号乙为无源雷达定标试验卫星。1979年完成检验星的鉴定性试验、发射星和备份星的总装和测试。1979年7月28日，在酒泉卫星发射中心进行第一次“一箭三星”发射，由于火箭第二级游动发动机发生故障，火箭姿态失控，卫星未能进入轨道，发射失败。

上海机电二局对火箭质量进行了重点检查。1979 年 9 月，召开火箭故障分析会，任新民在总结发言中强调两点要求：一是对二级游动发动机必须进行彻底修改，飞行试验之前必须按严格条件进行充分的地面试验；二是整个研制过程中，必须把可靠性放在头等重要的位置，要全面、全员、全过程加强质量管理。从 1979 年 9 月到 1981 年 9 月，火箭二级游动发动机进行彻底修改并通过几次试车，证明修改成功。1981 年 3 月 27 日，张爱萍到卫星总装厂检查实践二号的研制情况，指出要狠抓质量，做好质量复查。张爱萍还为飞行试验书写了“飞翔太空”的题词。

1981 年 4 月，国防科委下达第二次“一箭三星”发射试验任务，要求把可靠性放在第一位，扎实做好测试发射、跟踪测量等各项准备工作。张爱萍明确指示：“一箭三星”的技术状态要冻结，不许轻易变动；试验队伍应由原班人员参加发射，不得随意变动。随后进行的 3 次质量复查，为发射成功打下了良好的基础。

1981 年 8 月中旬，新研制的风暴一号运载火箭和实践二号 3 颗卫星先后运抵酒泉卫星发射中心。8 月 20 日开始，在技术阵地进行测试，到 9 月 17 日完成发射阵地 3 次总检查，进入发射状态。

1981 年 9 月 20 日清晨 5 时 28 分，风暴一号运载火箭点火发射，携带 3 颗实践二号卫星升空，7 秒钟后火箭开始朝东南方向转弯，7 分 20 秒后，3 颗卫星按程序与火箭逐一分离，进入预定轨道，“一箭三星”发射取得圆满成功。

当天，新华社宣布：“1981 年 9 月 20 日，我国成功地发射了一组空间物理探测卫星。这是我国首次用一枚运载火箭发射 3 颗卫星。卫星准确入轨，各分系统工作正常，正不断地向地面发送各种科学探测和试验数据。”国外有评论说：“这是一项重大成就，是空间计划的一项技术发展，是中国太空科技又一重大突破。中国成为世界上第四个掌握一箭多星发射技术的国家。”

实践二号卫星

风暴一号火箭携带 3 颗实践二号卫星升空

长征二号丙运载火箭

长征二号丙火箭和返回式卫星

我国长征二号火箭连续三次发射成功，证明我国具备了设计研制高性能、高可靠性运载火箭的技术能力。1978年，七机部决定在长征二号火箭的基础上进行适应性技术改进，研制长征二号丙运载火箭，使火箭的技术性能和运载能力进一步提高。从1982年9月到2005年8月，长征二号丙火箭发射返回式卫星13次，无一失败，被称为“金牌火箭”。

长征二号丙火箭是长征系列火箭的一个基本型号。火箭长40米，最大直径3.35米，起飞质量210吨，起飞推力2961千牛，近地轨道运载能力2.5吨。为了提供搭载服务，还研制了一个搭载舱，可以在发射主要载荷的同时，搭载一个质量为250千克的有效载荷，并可对搭载的有效载荷实施变轨，使其进入与主有效载荷不同的运行轨道。

张镰斧、王永志、王德臣等先后担任长征二号丙火箭总指挥，屠守锷、王德臣、李占奎、范瑞祥先后担任长征二号丙火箭总设计师。他们把火箭技术管理与专业技术有机结合，始终以质量为中心，进行全过程、全方位、全员参与的质量控制，坚持“质量归零标准不降、质量管理项目不减、质量控制程序不漏”三项基本要求，实现“低层次技术问题为零、人为差错为零、重复性管理问题为零”的质量管理目标，真正把确保成功放在一切工作的首位，时刻要求研制人员从细枝末节入手，从点滴做起，不放过任何蛛丝马迹，确保火箭不带问题和隐患上天。1982年9月9日，长征二号丙运载火箭首次发射，把1颗返回式科学试验卫星准确送入轨道。9月14日，卫星按计划返回预定回收区，圆满完成飞行任务。1983年8月19日和1984年9月12日，长征二号丙运载火箭又先后成功发射2颗应用型返回式卫星。卫星回收也都获得成功，并取得质量更高、数量更多的遥感资料。其中电子照相也首次试验成功，拍摄出清晰的照片，为研制实时传输型遥感卫星创造了条件。

从1986年10月6日到1993年10月8日，长征二号丙火箭连续7次发射返回式卫星成功，只有1993年发射的返回式卫星回收失败，而火箭发射均获得成功。

1986 年 10 月发射成功的返回式卫星，在太空运行 5 天，获得了大量有价值的遥感资料。这些资料在我国国土普查、地矿勘探、环境保护、农林水利建设以及海洋、地震研究领域发挥了重要作用。1987 年 8 月，发射成功的返回式卫星，在太空飞行期间首次进行了微重力环境下的材料加工技术试验，包括半导体晶体的熔化和再结晶、难混合金的熔炼与凝固、有关材料的液相离析和圆球成形试验，都取得了地面试验无法得到的理想效果。1987 年 9 月，发射成功的返回式卫星，搭载了中科院的 34 件科学实验装置，还首次搭载了农作物种子、微生物和工业材料，利用空间微重力环境进行了航天育种、材料加工、微生物培养的实验，这表明我国的航天遥感及其应用技术取得新的进展，航天技术又开拓了新的应用领域。

1990 年 10 月 5 日，发射成功的返回式卫星，在太空运行 8 天后返回地面。星上首次搭载装有动物小白鼠、果蝇和蚕卵等试验品的生物舱，进行了动物、植物在失重状态下反应的试验，获得了大量试验数据，取得了满意的试验结果。1993 年 10 月 8 日，发射成功的返回式卫星重 2099 千克，装有多种科学仪器，搭载了微重力试验装置。卫星原定在太空运行 8 天后于 10 月 16 日回收，但由于卫星发生故障，未能按计划返回地面。这是迄今为止我国发射返回式卫星唯一的一次回收失败。

2004 年 8 月 29 日和 2005 年 8 月 2 日长征二号丙运载火箭又成功发射两款返回式卫星。从 2004 年到 2022 年长征二号丙运载火箭共进行 41 次发射，分别在酒泉、西昌、太原三座卫星发射中心把几种不同类型的卫星成功地送上太空飞行，其中只有 2011 年 8 月 18 日的发射失败，其余发射均获成功。

返回式科学与技术试验卫星回收现场

我国要有自己的气象卫星

1969年1月29日，周恩来在接见中央气象局代表时指出：“应该搞我们自己的气象卫星。”1970年2月16日，我国第一颗人造卫星发射前，中共中央、国务院、中央军委下达了研制气象卫星的任务。1970年12月，周恩来在《关于气象卫星研制方案和地面接收站建设问题的报告》上批示：“卫星规划是否已经落实，承制单位和协作地区是否已经可靠，时间排列是否恰当，均请你们再谈一次，以便正式列入‘四五计划’。气象卫星地面站接收布局，可否与其他卫星地面站合在一起，望一并考虑。”

风云一号气象卫星

根据周恩来的指示，经过充分的研究，1974年9月召开的气象卫星任务协调会讨论了气象卫星基本使用要求和系列发展的规划设想，于1976年完成风云一号气象卫星总体初步方案。1977年，国家批准风云一号工程立项，命名为711工程。711工程包括风云一号气象卫星、长征四号火箭、太原发射场、测控中心和测控站、地面云图接收站和处理中心共五大系统。1977年11月，国防科委召开气象卫星大总体方案论证会，协调了各大系统的技术指标，明确了分工研制的要求。

长征四号甲火箭成功发射风云一号气象卫星

由上海机电二局研制的长征四号运载火箭，原为发射静止轨道通信卫星而用的，采用常规推进剂，取名新长征三号。后来由于火箭第三级采用氢氧发动机的长征三号低温火箭研制成功，1982年10月国防科工委、航天工业部召开新长征三号发射风云一号气象卫星方案审定会，决定把新长征三号改名为长征四号运载火箭，用来发射风云一号太阳同步轨道气象卫星。

长征四号运载火箭的总设计师是孙敬良。这种火箭的第一、二级采用长征三号的第一、二级，第三级采用新研制的常规推进剂发动机。箭长41.9米，最大直径3.35米，第三级直径1.9米，起飞质量248.9吨，起飞推力2942千牛，可把1250千克重的卫星送入地球静止转移轨道。1988年改为长征四号甲运载火箭，则可把1600千克重的卫星送入900千米高的太阳同步轨道，同时还具有“一箭多星”发射技术的功能。长征四号甲运载火箭采用了数字化姿态控制系统、双向摇摆伺服机构、三级单层结构共底贮箱等新技术，具有研制成本低、可靠性高、适应性强、操作方便等优点。

风云一号卫星是我国第一代太阳同步轨道气象卫星，由上海卫星工程研究所负责研制，孟执中担任总设计师。1974 年 9 月，国家气象局和卫星研制部门提出了“结合我国实际，实事求是，力求先进，先易后难，逐步完善”的发展气象卫星的原则，对气象卫星的基础技术要求进行了论证。1977 年 11 月，国防科委召开气象卫星总体设计方案论证会，形成了风云一号卫星的总体初步方案。1981 年，卫星转入初样研制阶段，为满足使用部门的业务应用要求而做了重要修改。1986 年，进入正样研制阶段。风云一号卫星质量 750 千克，高 1.2 米，长、宽各 1.4 米，通体像一个闪着银光的方形匣子，在轨道上展开的太阳能帆板长 8.6 米。卫星一昼夜环绕地球 14 圈，覆盖地球两次，用遥感仪器以每分 360 转的速度扫描地球，图像磁带记录器把信息储存起来发回地面，实现观测全球气象的使命。

1988 年 9 月 7 日，太原卫星发射中心首次使用长征四号甲运载火箭发射风云一号 A 星，成功地把卫星送上 901 千米高的太阳同步轨道上运行。风云一号 A 星升空当天，就向地面传回第一幅云图照片，图像清晰，纹理清楚，层次丰富。但它仅在太空运行 39 天就失效了。

1990 年 9 月 3 日，长征四号甲运载火箭发射风云一号 B 星成功，但卫星在轨道运行 165 天后控制系统发生故障。1991 年 2 月 14 日，当飞经南大西洋地磁异常区后回到我国上空时，卫星已处在快速翻滚的异常状态。卫星试验队的科技人员在卫星测控中心的密切配合下，群策群力，艰苦工作，及时制订了一整套有效的抢救卫星技术方案。经过两个半月采取措施，终于使卫星重新对地定向，恢复了正常工作。这颗气象卫星最终在轨道上运行了 285 天。

风云一号气象卫星提供的云图照片，适用于监测森林火灾、旱涝灾害、农作物和草场、洋流和海水、沿海河口泥沙分布等情况，提高了天气预报和灾害监测水平。国务院、中央军委在为我国气象卫星发射成功的贺电中指出：“这次卫星发射成功，填补了我国应用气象卫星的空白，标志我国航天和气象卫星技术有了新的进步，对促进国民经济的发展，具有十分重要的意义，对全国各族人民也是一个鼓舞。”

风云一号气象卫星在技术厂房

太原卫星发射中心

兴建太原卫星发射中心

20 世纪 80 年代后期，随着我国应用卫星的发展，我国华北地区又耸立起一座航天发射场。

早在 1966 年，国防科委就确定在山西黄土高原上的岢岚，利用导弹发射基地建设一个新的卫星发射场。1975 年 5 月，经中央批准，国防科委明确了太原卫星发射中心的任务。1977 年 11 月，确定太原卫星发射中心建成后首次用于发射太阳同步轨道气象卫星。太原卫星发射中心海拔 1400 ～ 1900 米，气候条件寒冷而干燥，年平均气温 4 ～ 6°C，平均湿度 50% ～ 60%，所在地理纬度最适宜于发射太阳同步轨道卫星。经过几年的艰苦努力，一座高达 76.91 米、多达 11 层回转工作平台的固定式发射塔架拔地而起，成为太原卫星发射中心的一个标志性建筑物。

1987 年 6 月至 9 月，太原卫星发射中心利用训练星、训练箭组织综合协调与合练，改进了防雷、防雨条件，增设了独立的发射供电电源，进一步改善和提高了发射控制系统，更新了遥控设备和中心计算机；安装了投影大屏幕等各种显示设备和电视监视系统，提高了测量控制显示和数据传输能力；检修了测风、测雨雷达和卫星云图接收等设备，增强了预报异常天气的功能。到 1987 年年底，太原卫星发射中心已具备了发射极地轨道卫星的条件。

太原卫星发射中心包括指挥控制中心、技术区、发射区、跟踪测量和通信系统、气象保障与地面勤务保障系统。

指挥控制中心距发射工位 14 千米，包括信息处理交换系统、指挥显示系统、通信控制系统等。

技术区包括转载大厅、运载火箭测试厂房、卫星综合测试厂房、固体发动机测试厂房、火工品库房等，承担运载火箭和卫星及其地面设备的卸车、装载、火箭组装测试、卫星测试和加注等任务。其中，转载大厅长 54 米、宽 27 米，门高 11.5 米、宽 5 米，地面铺有 3 条铁轨和 1 条钢轨，延伸到运载火箭测试大厅，顶部装有两台慢速双钩吊车，起吊高度 11 米，最大起吊重量分别为 50/20 吨和 50/30 吨、火箭测试大厅长 78 米、宽 27 米，门高 5.5 米、宽 5 米，厅内装有用于调节温度和湿度环境的空调系统，用于保护箭上仪器设备的接地系统和箭上推进剂贮箱充气发动机测试等工作的供气系统、消防系统和供电系统；卫星测试大厅长 42 米、宽 18 米，用于完成卫星测试、装配的操作；卫星加注厂房用于完成卫星燃料加注和短期存放的操作，长 22 米、宽 10.8 米，装有防爆型吊车，承载能力 5 吨；卫星总装厂房用于对卫星和火箭的联合测试操作，即星箭对接，装配厅长 24 米、宽 15 米；固体发动机测试厂房用于固体发动机的贮存、测试及安装前的准备；火工品库房用于贮存发动机上用的、火箭级间分离用的、卫星与火箭分离用的起爆装置。

发射区由发射塔系统、指挥控制室、电源设备间、供电系统、加注供气系统、指挥通信系统组成，承担火箭与卫星的吊装、各级对接、测试检查、加注推进剂和发射工作。其中发射塔系统包括塔架、吊车、活动工作平台、测试工作间、塔架摆杆系统、加注供气系统、工作间及整流罩的空调系统、消防系统、配电、照明等。塔架主体为钢结构，总高度为 76.91 米。吊车安装在塔架顶部，用于完成火箭各级的起竖、对接或拆卸，吊车上安装有两个吊钩：主钩起吊高度 64.31 米，副钩起吊高度 64.73 米。活动工作平台可以升降、打开或合拢，在上面可进行火箭和卫星的起竖操作。在距地面 32 ～ 44 米之间的活动平台是卫星工作区，长宽都是 6.7 米。加注系统主要有燃烧剂库、氧化剂库、加注管路等。供气系统有压缩空气、氮气、高纯氮气等贮存、供气设备。指挥控制室主要由运载火箭各电气系统测试间、卫星测试间、指挥控制间、指挥显示间、空调系统和逃逸通道等组成，建在地下，具有抗爆炸能力，卫星和火箭在发射塔上的操作都是在这里指挥控制的。电源间位于塔架下方的地下，用于放置火箭和卫星各系统测试用的地面电源设备和卫星系统的测试、测量设备。

跟踪、测量和控制系统由光学、遥测和遥控设备组成，负责对火箭飞行数据进行处理和对火箭飞行过程进行安全控制。

太原卫星发射中心主要用于长征二号系列运载火箭发射中、低轨道卫星和长征四号系列运载火箭发射太阳同步轨道卫星。它的独特地理条件能满足我国航天发展所提出的多射向、多轨道、远射程的卫星发射要求。自 1988 年 9 月 7 日在太原卫星发射中心首次用长征四号甲运载火箭发射风云一号气象卫星，到 2022 年 12 月长征四号乙运载火箭发射一颗高分卫星，太原卫星发射中心创造了长征系列运载火箭 110 次发射记录。

太原卫星发射中心雷达跟踪系统

太原卫星发射中心指控大厅

资源一号卫星　风云二号气象卫星　东方红三号通信卫星

新“一箭三星”的应用成就

党的十一届三中全会以后，我国航天科技工业在改革开放中取得重大发展。为适应新的形势，国务院对航天科技工业体制做了相应调整，1982 年将七机部改为航天工业部，张钧、李绪鄂先后任部长；1988 年，航空工业部、航天工业部两部合并组建航空航天工业部，林宗棠任部长；1993 年改制组建中国航天工业总公司，刘纪原任总经理。随着航天工业体制的变化，我国航天科技工业面向市场，从试验走向应用，进入经济建设主战场，更好地为经济建设、国防建设服务。

20 世纪 80 年代前期“三抓”任务完成后，我国航天科技工业如何发展，面临着新的挑战。1984 年，航天工业部组织有关科技专家、科技管理人员研究讨论，发扬民主，集思广益，进行航天发展新的规划工作，最后提出研制新的“一箭三星”工程。1985 年，首先提出研制长征三号甲运载火箭方案的报告，确定了长征三号甲运载火箭的技术指标和技术途径。1986 年 2 月 28 日，航天工业部向国务院上报了《关于加速发展航天技术的报告》，提出下一步开展长征三号甲运载火箭和东方红三号通信卫星、风云二号气象卫星、资源一号卫星的研制设想。1986 年 3 月 31 日，国务院批准这个新“一箭三星”规划，并将规划命名为 862 工程。同年秋，航天科技队伍拉开了新“一箭三星”工程研制工作的序幕。

中国运载火箭技术研究院负责抓总研制长征三号甲运载火箭，龙乐豪担任总设计师。长征三号甲运载火箭是在长征三号火箭的基础上采用重新设计第三级形成的大型三级低温液体火箭，箭长 52.52 米，第一、二级直径 3.35 米，第三级直径 3.0 米，起飞质量 240 吨，起飞推力 2961 千牛，其地球静止转移轨道运载能力为 2600 千克，具有一箭多星和适应多种轨道卫星发射要求的能力。它集中了国际大型运载火箭的许多先进技术，采用了 30 多项重大新技术，其中包括三子级氢氧发动机、动调陀螺四轴平台技术、低温氢气能源双向摇摆伺服机构和冷氦加温增压系统等关键技术。龙乐豪总设计师说：“这种新型运载火箭除了运载能力大，还具有技术先进、适应性强、发展潜力大的优势。”1994 年 2 月 8 日，第一枚长征三号甲运载火箭试验发射成功，把一颗实践四号空间探测卫星和一颗模拟卫星送入预定轨道。2 月 9 日，国务院、中央军委在贺电中指出：“长征三号甲新型运载火箭的发射成功，对于实现我国新一代应用卫星发展战略目标，扩大航天领域的对外交流合作，必将产生重大而深远的影响。”

1986 年 5 月，国防科工委发出迅速开展广播通信卫星工程研制建设工作的通知，要求卫星瞄准 20 世纪 80 年代初国际先进水平，采用公用卫星平台的思想。中国空间技术研究院负责研制东方红三号新一代中容量通信卫星，范本尧任总设计师。卫星本体为六面体，尺寸为2.22米×2.2米×1.72米，太阳能电池翼展 18 米，姿态和轨道控制为三轴稳定，起飞质量 2260 千克。星上载有 24 个 C 波段通信转发器，其中 6 个中功率转发器用于电视传输，18 个低功率转发器用于电话、电报、传真和数据传输等通信业务，可持续向全国同时传输 6 路彩色电视节目和 8100 路电话，卫星设计寿命 8 年。经过 8 年的研制，1994 年 11 月 30 日，第一颗东方红三号通信卫星用长征三号甲运载火箭在西昌卫星发射中心发射升空，进入地球同步转移轨道，但由于星上姿控推力器发生泄漏，燃料耗尽，致使卫星无法定点投入使用，最终失败。

1997 年 5 月 12 日，第二颗东方红三号通信卫星发射升空，并成功定点，投入正常运行。5 月 20 日，国务院、中央军委发出贺电指出："研制、发射东方红三号通信卫星，表明我国通信卫星技术又上了一个新的台阶，对于进一步振奋全国人民的精神、促进我国卫星通信事业的发展，推动我国改革开放和经济建设，提高我国在国际航天领域的威望，巩固我国在国际航天发射市场的地位，都具有重要意义。"

东方红三号通信卫星在技术厂房

长征三号甲运载火箭

风云二号静止气象卫星进罩

风云二号气象卫星进行初样星力学试验

风云二号气象卫星进行光照试验

1982年，国家气象局正式提出“在发展极轨气象卫星的同时，发展地球静止气象卫星”的要求。经过可行性论证，1986年3月，国务院批准风云二号静止气象卫星的研制任务。这项任务命名为552工程，卫星由上海航天技术研究院承担研制，李卿被任命为总设计师。风云二号卫星外形呈圆柱体，卫星直径2.1米，高1.6米，发射质量1372千克，采用自旋稳定姿态控制方式，设计寿命3年。1997年6月10日，第一颗风云二号气象卫星用长征三号运载火箭发射成功，12月1日正式交付国家气象中心使用。总设计师李卿说：“风云二号卫星的发射使用，可连续对我国及其观测范围内的广大地区的天气变化进行实时监测，极大地提高了对影响我国的各种尺度气候的监测能力，特别是对发生时间短的对流性灾害天气的监测能力，对天气预报有十分重要的意义。”

中巴合作资源一号卫星发射

资源一号卫星在测试中

1986 年，航天工业部决定研制资源卫星，并将中国空间技术研究院已经开始研制的实践三号卫星更名为资源一号卫星。1988 年，中国和巴西两国签署协议，双方合作，提出共同开发资源一号卫星的方案。以中国空间技术研究院为主开展研制，陈宜元被任命为总设计师。资源一号卫星是一种高速传输型对地遥感卫星，卫星为长 2 米、宽 1.8 米、高 3.5 米的长方体，质量 1540 千克，采用单太阳翼电池阵，功率 1100 瓦，运行在 778 千米高的太阳同步轨道，卫星采用三轴稳定姿控系统，设计寿命 2 年。1999 年 10 月 14 日，第一颗资源一号卫星用长征四号乙运载火箭在太原卫星发射中心发射成功。这颗卫星在农林、水利、地矿、测绘、环境监测等领域取得丰硕的应用成果。

“一箭三星”规划实施的结果，使我国航天技术在国民经济建设、国防建设、科技进步和社会发展服务的道路上又前进了一大步。

首次劳模大会和航天精神

自航天事业创建以来，1960 年第一枚探空火箭和第一枚近程地地导弹发射成功，1970 年“八年四弹”规划基本实现和第一颗人造卫星成功发射，到 20 世纪 80 年代前期洲际导弹全程飞行试验、潜艇水下发射固体导弹和卫星通信工程的“三抓”任务胜利完成，中国航天事业取得巨大进展，为增强我国的综合国力和国防实力作出了重大贡献。

中国航天出成果、出人才、出效益，还出了航天精神。我国在创造航天业绩的同时，培养、锻炼和造就了一支思想好、技术精、基础扎实、善打硬仗的航天科技队伍和航天产业大军。在这支队伍中，涌现了一大批先进模范人物。20 世纪 60 年代以国防科研战线上的标兵张履谦为代表，80 年代以优秀共产党员、老专家黄纬禄和全国劳模、中年科技人员罗健夫为代表的航天人身上集中地体现了为社会主义现代化事业艰苦奋斗、拼搏奉献的革命精神。

1984 年 10 月，航天工业部党组决定召开第一次劳模庆功大会，表彰一批航天战线上的先进单位和模范人物。在这次大会上，总结表彰了航天战线广大干部职工为发展航天事业作出的突出贡献，特别是总结了航天事业的发展孕育形成的一种伟大的航天精神，包括自力更生精神、艰苦奋斗精神、大力协同精神、万无一失精神，勇攀高峰精神、锐意改革精神、为人民服务精神等。

屠守锷、杨嘉墀、黄纬禄、任新民、王希季、孙家栋（从左至右）

1986 年，在纪念我国航天事业创建 30 周年的时候，航天工业部党组把航天精神概括为“自力更生、艰苦奋斗、大力协同、严肃认真、勇于攀登、献身事业”。经过 30 年的锤炼和培育，在航天人心中巍然屹立着一座精神丰碑，那就是航天战线广大科技人员、工人和干部身上展现出的航天精神。后来，经过反复酝酿，认真讨论，斟酌推敲，航天工业部党组用“自力更生、大力协同、尊重科学、严谨务实、献身事业、勇于攀登”24 个字来表述航天精神。1986 年年底，航天工业部党组在《关于贯彻党的十二届六中全会决议，加强思想政治工作的决定》中，正式公布了这 24 个字的航天精神，并指出：“振兴航天事业，实现航天事业发展的奋斗目标，必须大力发扬这种航天精神。”

1990 年 5 月，聂荣臻把他一贯倡导的“自力更生、艰苦奋斗、大力协同、无私奉献”的精神和航天工业部党组提出的 24 字精神结合起来，题写了“自力更生、艰苦奋斗、大力协同、无私奉献、严谨务实、勇于攀登”的航天精神。最后即用这 24 个字来表述航天战线广大干部职工创造培育的航天精神。

航天精神集中地体现了我国航天工作者崇高的思想境界、良好的精神风貌和过硬的工作作风。它是伟大的民族精神与航天实践相结合的产物，反映了航天工作者的精神风貌，体现了时代的要求。它是推动我国航天事业跨越发展的思想保证和精神动力，是航天人创造的一笔宝贵的精神财富。

2011年8月12日零时15分，我国在西昌卫星发射中心用长征三号乙运载火箭，将巴基斯坦通信卫星1R成功送入预定轨道。这是我国为国际用户提供的商业卫星出口服务。

第四章　走向世界

我国实行改革开放以后，在航天技术方面同许多国家和地区建立了联系，同一些国家和地区建立了合作关系。我国积极参加国际空间组织的活动。一方面介绍了我国航天技术的成就，扩大了我国的国际影响，另一方面也为我国了解世界航天的发展状况，学习国外的先进经验，引进先进技术和设备，创造了有利条件。

1985年10月，中国政府庄重宣布：“中国长征系列运载火箭将投放国际市场，为国际商业卫星发射服务。”同年10月26日，航天工业部部长李绪鄂正式宣布：“我国自行研制的长征二号、长征三号运载火箭投放国际市场，承揽为国外用户发射卫星业务。”同时称这是对国外用户提供良好的发射服务和发射初期的支持服务。中国航天技术开始跨出国门，走向世界，扩展了应用范围，打开了航天领域国际合作的新局面。

这一阶段的标志性成果有：1990年4月7日，首次用长征三号运载火箭发射美国制造的香港亚洲一号通信卫星成功；1992年8月14日，长征二号E大推力捆绑火箭发射第一颗美国制造的澳星成功；1997年8月20日，长征三号乙大型运载火箭成功发射美国制造的菲律宾马部海通信卫星；1999年10月14日，中国、巴西合作研制的第一颗资源一号卫星发射成功。

中国航天开启走向世界的大门

我国航天科技工业在改革开放中取得重大发展。为适应新的形势，国务院对航天科技工业体制做出了相应调整，1982 年将七机部改为航天工业部，1988 年航空工业部、航天工业部合并组建航空航天工业部，1993 年改制组建中国航天工业总公司。随着航天工业体制的变化，我国航天科技工业不仅在国家经济建设中发挥重要作用，而且进入国际市场，在国际航天领域赢得了声誉和地位。

美国制造的澳普图斯 B1 通信卫星

1984 年，我国发射成功的长征三号运载火箭，其同步转移轨道的运载能力已达到 1.4 吨，可以发射美国的 HS376、RCA-3000 型等国际商用通信卫星。而且，我国已有多次成功发射卫星的良好记录，拥有了三种长征系列运载火箭及其相应的配套发射设施，初步具备了发射国际商用卫星的能力。在改革开放的形势下，根据对国际发射市场的调查，我国完全有条件、有能力参与发射国际商业卫星的公开竞争。

1985 年 10 月，中国政府宣布，长征系列运载火箭投放国际市场，承揽对外发射服务。1986 年，中国长城工业公司承担办理国际商业发射的任务，首先与瑞典签署用长征二号丙运载火箭搭载发射 1 颗科学卫星的订座协议，1987 年与美国泛美太平洋公司签订了用长征三号运载火箭发射一颗通信卫星的合同。1987 年 8 月和 1988 年 8 月，中国在发射返回式卫星时，先后为法国马特拉公司和德国宇航公司提供了搭载服务，进行微重力试验，并首次邀请一些国外用户在酒泉卫星发射中心参观卫星发射实况，扩大了中国航天发射服务的影响。

中巴资源一号卫星转运

1988 年 8 月 20 日，航空航天工业部部长林宗棠发表谈话，重申中国政府对外发射服务的政策，指出："中国利用长征运载火箭发射美国公司制造的卫星，以及其他国家制造的但采用美国技术专利和技术诀窍的卫星，其技术安全是完全有保证的，中国不谋求国外卫星及其设备的技术秘密；由于中国火箭制造能力和发展能力有限，中国的对外发射服务只是对世界发射服务市场的一种补充，为用户提供一种新的选择，决不会对欧美发射服务商构成‘威胁’；中国发射服务的价格比较优惠是综合因素决定的，根本不存在‘政府补贴’和‘倾销价格’之说。”同时，还进一步申明：“中国对外发射服务的宗旨，是与世界各国航天机构一起，共同开发外层空间资源，造福人类，为世界航天事业发展作出自己应有的贡献。”

玻利维亚通信卫星放入整流罩

从 1988 年 9 月开始，中、美两国政府经过艰苦曲折的谈判，美国最终同意发放把美国公司的卫星运到中国发射的许可证。同年 12 月 17 日，中、美两国政府就中国运载火箭发射美国制造的卫星的有关事宜，正式签署了政府间关于卫星技术安全保障等协议备忘录和责任协议备忘录，还草签了一项政府间关于商业发射服务国际贸易问题的协议备忘录。这三项协议的签署，标志着中、美两国在空间技术领域的合作迈出了新的一步。随着中国航天技术的发展和实力的增强，任何人也阻挡不了中国航天走向世界的脚步。

与此同时，中国十分重视并积极支持发展同各国航天界的国际合作与交流。1988 年 7 月，中国和巴西签订了《中华人民共和国政府和巴西联邦共和国政府关于核准联合研制地球资源卫星的协议书》，中巴资源卫星的合作拉开了序幕。此后，中国与法国、德国合作，联合研制新一代大容量通信卫星；中国与欧洲航天局合作，实施研制发射双星计划；中国与美国、加拿大、俄罗斯等国家签订了空间合作协议等等，中国同世界上许多国家和地区建立了空间技术合作和交流关系。我国确立了开展国际空间合作的四项原则：和平利用空间资源，发展卫星及应用技术，为发展经济、促进人类社会进步服务；在平等互惠、取长补短、共同发展的基础上，开展国际空间技术合作；坚持自由、平等、合理竞争的原则，开展卫星发射服务和卫星及空间技术产品的贸易活动；发达国家应当帮助发展中国家发展空间技术和利用空间技术发展经济。根据这些原则，我国积极开展国际空间合作，为中国航天走向世界、促进世界航天技术发展服务。

我国长征火箭已为 20 多个国家和地区提供了卫星发射和搭载服务，长征系列运载火箭已有约 50 次对外发射记录，发射的商业卫星达到 60 余颗，向 9 个国家出口 11 颗卫星，可以覆盖亚洲、非洲、欧洲、北美洲、大洋洲的 100 多个国家和地区。除提供火箭对外发射，我国还拓展了国际民用卫星的商业开发，提供整星出口和在轨交付服务，实现了国内国际两个市场的转型，进一步提升了航天技术的国际竞争力，坚定不移地迈向国际化服务大市场。

专为发射外国卫星的火箭

长征二号E运载火箭发射

1986年伊始，美国挑战者号航天飞机升空爆炸，接着美国的大力神、德尔塔火箭和欧洲航天局的阿丽亚娜火箭发射相继失败，出现了国际商业卫星排队等待一次性运载火箭发射的局面。面对机遇，航天工业部第一研究院院长王永志和几位专家酝酿了一个大胆的方案：为适应国际卫星发射市场的新形势，把我国已经成熟的火箭技术推向国际舞台，决定研制一种运载大吨位卫星的捆绑式运载火箭。

这种后来被称为“长二捆”（即长征二号E）的火箭，用长征二号丙火箭采取“上改下捆”的积木式组成办法。王永志和李伯勇、沈辛荪、王德臣、于龙淮、黄作义等几位中青年火箭专家一起讨论，并绘制出了3张原理草图。用长征二号丙火箭作芯级捆绑4个液体助推火箭，构成一种新的大推力火箭。1986年年底，中国长城工业公司和中国卫星发射控制系统部联合起草了一份建议加速发展长征二号捆绑式运载火箭的汇报提纲，航天工业部作出决定，并报国务院批准，正式宣布研制“长二捆”火箭，并投入国际市场。

美国火箭专家认为，研制“长二捆”这样的新型号至少要3年时间，不相信中国在一年半的时间内能研制成功。按计划，“长二捆”火箭在18个月的时间里，要完成24套44万张图纸，安排8000多项生产设计任务，加工5000多套特殊装具，进行300多项地面试验，攻克20多项技术难题。由于时间特别紧迫，全国上下通力合作，3个月内急需的7445项金属材料、1100多项机电设备、58万件电子元器件已备齐；兴建新的发射工位，仅45天就将9万多米的钢管搬运就位，将7万多个扣件套在钢管上，将18万套螺栓拧紧在发射塔架上，14个月一座97米高的发射塔就耸立在西昌卫星发射中心的场坪上；火箭研制中，组织了几十万道工序，制造了几十个部段，生产了十几万个大大小小的零件，如此庞大复杂的“长二捆”火箭经过540多个昼夜的奋战，终于如期在发射塔架上矗立起来。

由屠守锷担任技术总顾问、王永志任总指挥、王德臣任总设计师组织研制的长征二号E火箭，全长49.68米，起飞质量460吨，近地轨道运载能力为9.2吨。如果配上固体上面级，可将3.4吨的卫星直接送入地球同步转移轨道；配上氢氧上面级，则可将4.8吨重的卫星送入地球同步转移轨道。

1990年7月12日，第一枚“长二捆”火箭停放在发射场进行发射前的检查，发现4个助推器上的脉动压力传感器出现渗漏，采用胶带堵漏和用扳手拧紧，都无法解决渗漏问题。试验队决定泄出4个助推器的推进剂，换下传感器，堵死接管嘴。排险命令一下，有30多名工人和科技人员挺身而出，报名参加抢险。老工人魏文举、特级技师陆阿宏戴好防毒面具，穿上防护服，争着钻进火箭尾舱。陆阿宏的手被四氧化二氮遇水生成的硝酸灼伤，魏文举因弥漫的四氧化二氮中毒晕倒，挣扎着爬到舱口，大声呼喊陆阿宏快出舱来。接着又有陈立中、沈辛坤等几位老工人抢着进舱，也都受伤或中毒，但终于把险情排除了。而率先冲入舱内抢险的共产党员魏文举师傅，却因肺部中毒严重腐蚀而献出了宝贵的生命。

1990年7月16日，第一枚“长二捆”火箭搭载1颗巴基斯坦试验卫星和1颗澳星模拟星在西昌卫星发射中心腾空升起，首次飞行试验获得圆满成功。这次试验发射成功，标志着我国的运载火箭技术和发射能力有了新的提高和发展，可以满足发射各种应用卫星的需要，更有效地为开发空间技术服务。国务院、中央军委在贺电中指出：“这次发射试验的成功，使我国的运载火箭系列增加了新的品种，表明我国已经具有发射重型卫星的能力，这必将有力地促进我国航天技术的发展。”

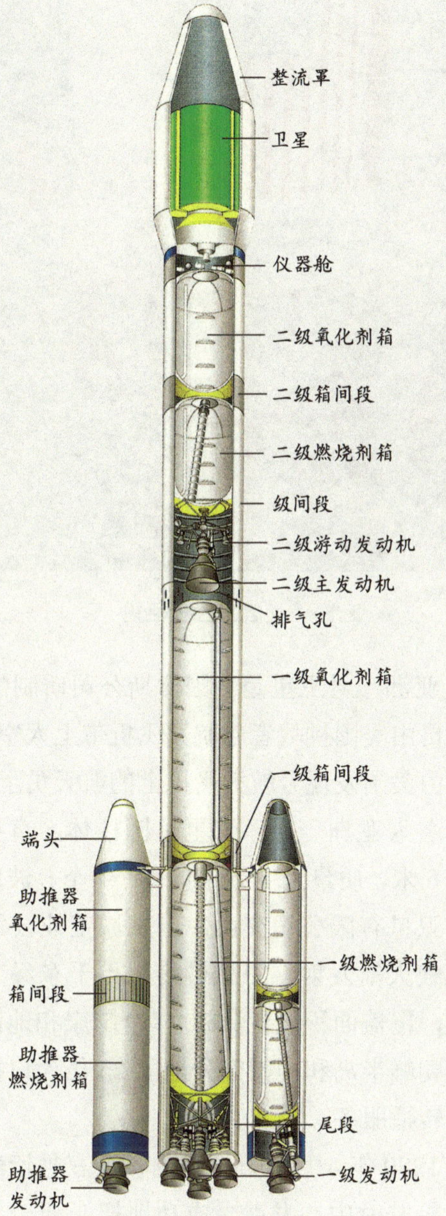

长征二号E运载火箭结构图

亚洲一号通信卫星整体合拢

长征三号首次发射美国卫星

1989年1月23日，中国长城工业公司与亚洲通信卫星公司签订亚洲一号通信卫星的发射服务合同。经过艰苦的谈判和技术协调，1989年12月，美国发放了发射许可证，同时中国研制的长征三号运载火箭满足了发射美制卫星的要求。

在此之前，我国长征三号运载火箭已经多次发射国产通信卫星获得成功，其设计水平和质量控制已得到检验。为了发射美国制造的亚洲一号通信卫星，火箭进行了一些重大修改设计，解决了一些技术难题：在火箭上增加燃料以提高卫星轨道，由原来的卫星自动起旋改为由火箭带动卫星起旋，整流罩加长了200毫米，改用了新研制的无污染爆炸螺栓，新设计了过渡锥和分离包带等。为了争取时间，我国在14个月内就把经过改进的长征三号运载火箭研制出来，并完成了与卫星的技术协调工作。

亚洲一号卫星是美国休斯公司研制的地球同步轨道通信卫星。卫星代号HS376，曾于1984年2月3日由美国挑战者号航天飞机带上太空施放，由于卫星发生故障未能进入预定轨道，同年11月12日又由美国发现号航天飞机上的航天员上天把它回收带回地面，经过修复后售给亚洲卫星有限公司，并改名为亚洲一号。卫星呈圆柱体，直径1.8米，高1.6米，质量为1.24吨，有24个C波段转发器。亚洲卫星有限公司交由中国长城工业公司用长征三号运载火箭发射。卫星最终定点于东经105度赤道上空，覆盖面积达亚洲30多个国家和地区，为东北亚、朝鲜半岛和中国部分地区25亿人口提供通信和电视转播服务。

1990年4月7日，我国长征三号运载火箭在西昌卫星发射中心发射，成功地把亚洲一号通信卫星送入近地点200千米、远地点36867千米、倾角为31.1度的地球同步转移轨道。然后由位于美国洛杉矶的休斯公司卫星主控站控制卫星飞行，直至定点运行。这次亚洲一号通信卫星发射成功，揭开了中国航天走向世界的序幕。

长征三号运载火箭将亚洲一号通信卫星成功送上太空

亚太一号通信卫星整流罩吊装

这次发射，中美双方严格遵守中美两国关于卫星技术安全的协议。卫星于 1990 年 2 月 12 日由美国波音 747 专机运到我国西昌机场，从入境到发射全过程始终享受“过境待遇”。卫星发射成功后，江泽民给在发射现场的航空航天部部长林宗棠打电话表示祝贺：“我在外地一直看着现场直播，这次发射是很成功的。这次我们是事先向全世界宣布并且进行现场直播，这证明我们在技术上是完全有把握的。”航空航天部新闻发言人对记者说：“中国第一个对外商用通信卫星发射合同的胜利完成，是中国航天技术进入国际市场的良好开端，它是执行改革开放方针的重要成果，说明中国航天科技的进步已经得到了国际用户的首肯，为我国继续开辟国际市场拓宽了道路。”国务院在贺电中指出：“亚洲一号通信卫星的发射成功表明，我国的航天技术不仅可以为祖国的社会主义建设事业服务，而且还可以为发展与亚洲和世界各国的友好合作作出贡献。”

国外对我国首次成功发射美国卫星进行了大量报道，称赞长征三号运载火箭技术先进、性能可靠，中国打破了一直由美国和欧洲所垄断的卫星发射市场。美国《纽约时报》在评论文章中认为，中国能首次成功发射一颗外国卫星，这标志着这个国家已进入了国际航天市场。法国舆论界认为，法国遇到了强大的对手。中国已跻身于迄今为止为美国和法国所垄断的卫星发射市场。

美国休斯公司总部负责人说：“我个人认为，中国这次发射，有三点干得很漂亮：一是气象预报准确；二是发射时间准确，说 21 时 30 分，到时就点火起飞；三是卫星入轨精度高，而且成功后向美方报告入轨参数又快又准确。”“中国对这么复杂的空间技术居然干得如此漂亮，而且速度之快、效率之高，令人吃惊。原先我是竖起一个大拇指，现在我要竖起两个大拇指。中国，不仅有一流的火箭技术专家，而且有第一流的组织指挥专家。”这充分表明中国的长征运载火箭在世界卫星发射市场赢得了一席地位。

我国长征三号运载火箭首次发射外国卫星成功后，1992 年 12 月 26 日又与香港的亚太通信有限公司正式签订了用长征三号运载火箭发射亚太一号通信卫星的发射服务合同。亚太一号也是美国休斯公司研制的 HS376 通信卫星，卫星重 1.4 吨，星上有 24 个 C 波段转发器，设计寿命 10 年。1994 年 7 月 21 日和 1996 年 7 月 3 日，长征三号运载火箭先后发射亚太一号、亚太一号 A 通信卫星获得成功，卫星分别定点于东经 131 度和 134 度赤道上空，用于向亚洲和太平洋地区提供通信服务。长征三号运载火箭为中国航天走向世界建树头功。

“长二捆”登上国际发射舞台

1988年11月1日，中国长城工业公司与美国休斯公司在洛杉矶正式签订了用“长二捆”火箭发射美国休斯公司制造、澳大利亚奥赛特公司经营的两颗通信卫星的合同。1989年2月，国务院、中央军委决定将这项研制任务列为国家重点工程。

1990年7月，我国长征二号E运载火箭研制成功后，在执行发射美制澳大利亚通信卫星时却经历了一段坎坷的路程。1992年3月22日，在西昌卫星发射中心，新研制的“长二捆”火箭发射美制澳大利亚奥普图斯B1通信卫星遇到挫折。当天18时40分，“长二捆”火箭点火后，由于第一级火箭上捆绑的4个助推器中有2个助推器发动机工作异常，致使一级发动机推力不正常，被迫实施紧急关机。从火箭点火喷出火焰到关机灭火，只有短短的7秒钟，真是惊险至极。发射终止，火箭、卫星和发射设施均处于安全状态。“长二捆”火箭紧急关机创造奇迹，没有酿成更大的恶果。

“长二捆”火箭

第一颗澳大利亚通信卫星发射未能成功。故障发生后，火箭工程技术人员经过17天的紧张工作，查明故障原因是助推器发动机点火后，1、3助推器发动机氧化剂副系统断流活门电爆管误爆，使1、3助推器发动机关机。电爆管误爆是由于点火控制电路中的程序配电器的一个控制接点上有微量铝质多余物，接点闭合后产生高温引起爆燃，使电爆管误爆。这纯属极小概率事件。故障原因在地面模拟试验中得到验证。4月14日，由屠守锷任主任委员，王永志、陈芳允、梁守槃、梁思礼、谢光选5人任委员的故障审查委员会，经过评审，确认了上述故障分析意见。

中国运载火箭技术研究院针对火箭故障采取有效措施，用100天赶造出一枚新的“长二捆”火箭，并确保火箭生产质量。西昌卫星发射中心现场指挥部采取一系列技术和安全措施，从箭上卸下卫星，完好地存放在技术厂房。7月27日，新的“长二捆”火箭运到西昌发射基地，8月6日与澳大利亚奥普图斯B1通信卫星顺利对接，竖立在巍峨的发射架上，等待着发射。

1992年8月14日7时整，“长二捆”火箭发射，将美制澳大利亚奥普图斯B1通信卫星准确、顺利送入预定轨道。从西安卫星测控中心传到西昌指挥控制大厅的数据表明，卫星的近地点200千米，远地点1050千米，倾角28度。这颗卫星装有48个转发器，有效载荷为7659千克。这次发射取得圆满成功，美国、英国、加拿大等10多个国家和地区的航天专家称赞道：“3月22日火箭因故障终止发射后、能在短时间内查明故障原因，并采取一系列有效措施，确保这次发射取得成功，这充分显示了中国的发射技术已日趋成熟，中国将在国际航天舞台上发挥越来越重要的作用。”

第一颗澳大利亚通信卫星发射成功，还只是完成合同的一半。3天后，中国运载火箭技术研究院又动员研制发射第二颗澳大利亚通信卫星的“长二捆”火箭，因为是轻车熟路，仅两个月后，这枚“长二捆”火箭就正式出厂，1992年10月20日运抵西昌发射场。12月21日晚发射，将澳普图斯B2通信卫星发射升空，但火箭起飞47秒时，在火箭顶端的卫星突然起火，将火箭的整流罩炸开，造成卫星部分损坏，火箭仍按原计划程序正常飞行，将卫星爆炸后的残余部分送入预定轨道。但澳普图斯B2通信卫星不能工作，发射只能算部分成功。

近两年之后，1994年8月28日，又一枚“长二捆”火箭发射澳普图斯B3通信卫星，成功地将其送入预定轨道。至此，中美双方签订的发射两颗澳大利亚通信卫星的合同胜利完成。

“长二捆”的研制和发射成功，使我国首次突破助推火箭的捆绑技术，首次研制成功推进剂利用系统和大型发射台等36项关键技术，为我国运载火箭进入国际市场起到重要的推动作用。

1995年，我国研制的长征二号E运载火箭在一年之内又进行了3次国际商业发射。其中，1月26日在发射美制香港亚太二号通信卫星时，火箭发生爆炸，星箭俱毁。在11月28日和12月28日的两次发射中，分别将美国制造的亚洲二号和艾科斯达一号2颗通信卫星成功送入预定轨道。亚洲二号卫星是美国洛马公司生产的地球同步轨道通信卫星，由中国香港的亚洲卫星有限公司经营，星上装有24个C波段和9个Ku波段转发器，星上的近地点发动机是中国研制生产的，作为上面级首次在卫星发射中使用。这颗卫星主要用于向亚洲区域各国和地区提供通信服务。艾科斯达一号是美国洛马公司生产并由美国艾科斯达公司经营的通信卫星，卫星质量3.3吨，星上装有16个Ku波段转发器，用于北美地区的电视直播服务。

我国长征二号E火箭以其巍巍雄姿登上了国际商业卫星发射舞台。

“长二捆”火箭成功发射亚洲二号通信卫星

矗立在发射架上的长征二号丙改进型火箭

七战七捷的长二丙改火箭

我国在世界卫星发射市场签订的第一个合同，是1987年11月19日用长征二号丙运载火箭搭载发射瑞典的1颗邮政卫星，后来改为发射1颗弗利亚科学试验卫星。因为这颗卫星的发动机是美国制造的，经过艰难的协商，解决了技术安全问题，1992年10月6日，我国一枚长征二号丙火箭以“一箭双星”的方式，在将1颗返回式卫星发射升空的同时，搭载的瑞典弗利亚科学试验卫星发射成功。瑞典空间公司负责人说：“中国长征火箭的发射技术在世界上是一流的，中国长征火箭的技术的确非常可靠。”

美国也看好技术成熟、可靠性很高的长征二号丙火箭。1993年4月28日，中国长城工业公司和美国摩托罗拉公司签订了用我国改进型长征二号丙运载火箭发射铱卫星的发射服务合同。按照合同，我国要研制一种长征二号丙改进型火箭，即在长征二号丙火箭上安装一个新设计的、独立的、功能齐全的三轴稳定的上面级，形成一个新的火箭型号。

中国运载火箭技术研究院负责研制长征二号丙改进型火箭，李占奎任总设计师。总体设计部和设计师系统提出火箭总体方案，决定研制一个全新的火箭上面级，在长征二号丙火箭的基础上增加一个分配器，除完成两颗卫星的运载、释放外，还要完成变轨、离轨任务。火箭全长40米，最大直径3.35米，起飞质量213吨，可将1500千克的有效载荷送入预定轨道。火箭第一、二级采用常规液体发动机，新研制的上面级则采用固体发动机，使用高8.4米的大整流罩。美国的铱星是一个高4.06米的三棱柱体，每颗质量728千克。发射时，先将两颗铱星和上面级一起送入近地点180千米、远地点665千米、倾角86.4度的椭圆形停泊轨道，然后上面级发动机点火工作，将铱星和上面级一起推入630千米高的圆轨道，最后由上面级进行调姿、旋转，把两颗铱星同时释放入轨。

在“长征二号丙改”火箭的研制过程中，中、美双方科技人员先后进行了 10 多次技术协调和计划协调，对火箭进行了多次评审，攻克了一道道难关。火箭上面级要在空间滑行 2000 多秒，经受住真空、深冷、辐射和粒子环境的考验；采用比较先进的控制方案，解决姿控精度高、燃料消耗少、对卫星无污染、上面级能按时离轨等一系列问题；突破双星旋转分离技术，确定旋转同时分离的方案。此外，还成功设计并生产了刚度大、质量轻、工艺难度大的大型复合材料上面级结构，优化了固体发动机精确变轨的弹道设计，成功设计和安装了简便可靠的整流罩保温设施，解决了上面级与第一、二级两套不同惯性制导系统的接力和末速修正，确保卫星入轨运行的高精度。总之，“长征二号丙改”火箭的入轨精度、分离速率、最小分离距离、卫星环境、上面级离轨时间等都满足了铱星特定的要求。

1997 年 9 月 1 日，“长征二号丙改”火箭在太原卫星发射中心首次发射升空，成功地将美国摩托罗拉公司制造的 2 颗铱星模拟卫星送入预定轨道。西安卫星测控中心传来的数据表明，“长征二号丙改”火箭飞行 11 分钟后，火箭第二级与上面级（即分配器）按预定设计分离成功，上面级携卫星进入近地点 181.8 千米、远地点 674.7 千米的停泊轨道。此后，上面级经过 40 多分钟滑行后成功变轨，并将 2 颗模拟卫星释放入预定轨道。这次发射检验了“长征二号丙改”火箭的性能和质量，检验了太原卫星发射中心的综合发射能力。

1997 年 12 月 8 日，在太原卫星发射中心，“长征二号丙改”火箭发射升空，将美国 2 颗铱星送上近地点 629 千米、远地点 632 千米、倾角 86.3 度的近圆轨道，首次正式发射铱星取得圆满成功。这是太原卫星发射中心第一次执行国际商业卫星发射任务。此后，在 1998 年 3 月 26 日、5 月 2 日、8 月 20 日、12 月 19 日和 1999 年 6 月 12 日，“长征二号丙改”火箭先后 5 次发射，将 10 颗铱星送入预定轨道。

长征二号丙改进型运载火箭 7 次发射，全部成功，圆满完成发射美制 12 颗铱星的合同，为长征系列火箭进入国际卫星发射服务市场赢得了良好的声誉。

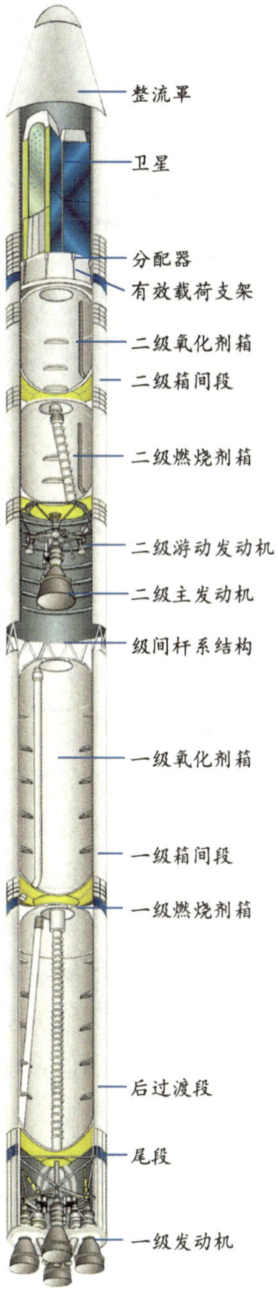

长征二号丙改进型火箭结构图

中巴合作研制资源卫星

中国、巴西合作研制的资源一号卫星

1988 年 7 月 6 日，中国与巴西两国政府签署《中华人民共和国政府和巴西联邦共和国政府关于核准联合研制地球资源卫星的协议书》，掀开了中国和巴西两国联合研制资源卫星的序幕。中、巴两国专家合作，从共同评审卫星和分系统方案到确定接口关系和技术指标，从制定工程实施的管理办法到按照分工进行技术攻关和设备研制，历经 11 年，第一颗中巴资源一号卫星发射成功，中国在航天领域第一次真正意义上的国际合作取得了胜利成果。

中国、巴西合作研制地球资源卫星采用了中国资源一号卫星的方案。中国空间技术研究院负责研制，王和忠任总指挥、陈宜元任总设计师。卫星设计为长 2 米、宽 1.8 米、高 3.5 米的长方体，采用单太阳翼电池阵，运行轨道为 778 千米的太阳同步轨道，倾角 98.5 度，绕地球一周为 100.38 分钟，对整个地球重复观测周期为 26 天，卫星质量为 1540 千克，采用三轴稳定姿控系统，寿命为 2 年。按照中、巴两国协议，卫星平台由中方负责姿态和轨道控制、推进、热控、数据管理、超短波测控、总体电路分系统，巴方负责电源、结构、S 波段测控分系统；地面系统由中方负责机械支持设备，巴方负责电气检测设备；有效载荷由中国负责 CCD 相机、红外多光谱扫描仪、高密度磁带机、空间环境探测仪，巴方负责宽视场成像仪、数据收集分系统。资源一号卫星的控制系统中，第一次采用了我国研制生产的关键设备，如帆板驱动装置、帆板展开机构、保证卫星姿态的动量轮、红外地球敏感器、陀螺、全管理的表面张力储箱、1 牛顿发动机等。这些设备的研制，大大加速了我国高水平应用卫星的国产化进程。

中巴资源一号卫星的测控管理由西安卫星测控中心负责。卫星应用体系由数据接收、数据预处理、应用示范及分析模型、数据模拟和评价、资料分发及用户服务等五大分系统组成。数据接收设北京总站和华南、新疆两个分站，通过北京密云地面站和新疆乌鲁木齐、广州地面站跟踪、接收、记录，覆盖了全国陆地和海洋国土。1991 年 10 月成立中国资源卫星应用中心，建立起了一个我国长期稳定的资源卫星应用体系。资源一号卫星提供的图像数据广泛应用于世界众多国家，为造福人类服务。

长征四号乙运载火箭发射中国与巴西合作研制的资源卫星

第一颗中巴资源一号卫星研制经历了10年的漫长历程。1999年10月14日，在太原卫星发射中心，我国用长征四号乙运载火箭发射中巴资源一号01星获得成功。经过一段时间的试运行，2000年3月，中巴资源一号01星交付使用，它拍摄的图像用于农林、土地、矿藏和海洋资源的调查，在农作物估产、绘制地图、测量耕地、城市规划、环境监测、预报和监测灾害等领域发挥了重要作用。2003年8月13日，这颗卫星停止工作，超期服役1年10个月。

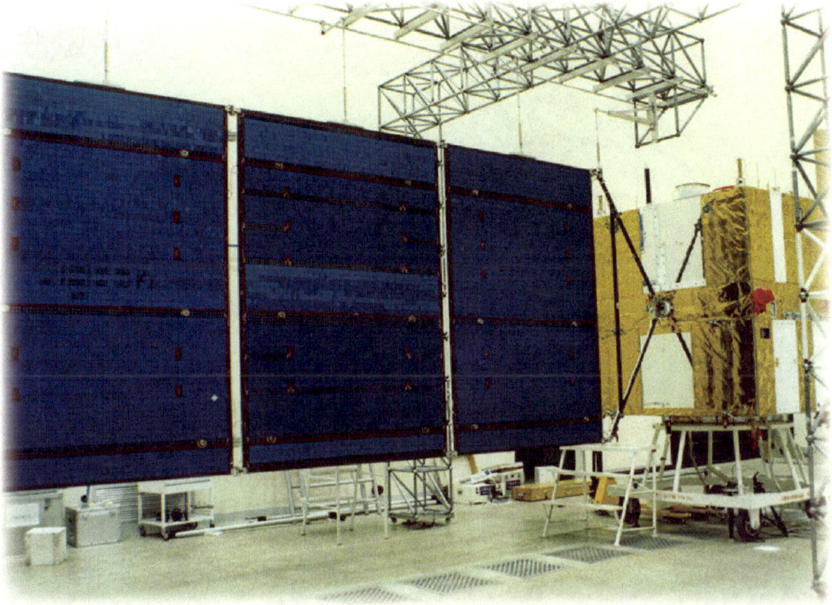

中巴资源一号卫星太阳翼

2000年9月21日，中巴两国又签订了《中华人民共和国政府和巴西联邦共和国政府关于空间技术合作的议定书》，确定继续合作开发第二代中巴地球资源卫星。陈钦南担任总设计师。中巴资源一号02星在巴西进行总装和测试，2003年10月21日由长征四号乙运载火箭发射成功。卫星的CCD相机、平台、测控、抗干扰性等技术状态作了部分改进，提高了卫星的可靠性和稳定性。2004年1月31日，资源一号02星正式交付使用，接替01星的工作。截至2007年10月，资源一号02星获取了100多万景图片，分发18万景，全国30多个省份及重要部门、1200多个用户使用。我国还以资源卫星为主参加国际减灾活动，为全球重大环境与灾害监测提供重要数据。卫星数据在我国周边地区、巴西和南美洲地区也得到广泛的应用，展现出业务化、规模化的应用前景。

2007年9月19日，第三颗中巴资源一号卫星在太原卫星发射中心发射成功，总设计师是张庆君。这颗资源一号02B星在02星的基础上，增加了一个高分辨率的CCD相机、一套高精度定位设备和高精度姿态测量设备。它的投入使用对于确保中巴资源卫星系统长期连续稳定运行，促进航天领域的国际合作具有重要意义。

2011年12月22日，中巴资源一号02C星发射升空，进入预定轨道。这颗资源卫星重约2100千克，设计寿命3年，装有全色多光谱相机和全色高分辨率相机，主要任务是获取全色和多光谱图像数据，在国土资源调查和监测、防灾减灾、农林水利、生态环境和国家重大工程等领域发挥作用。

2013年12月9日，中巴资源一号03星发射失败。2014年12月7日，中巴资源一号04星发射成功。资源一号04星比01、02星的空间分辨率大大提高，并增加了传感器和波段数。它获取的5米全色、10米多光谱影像图广泛用于农作物估产、环境保护与监测、国土资源勘查和灾害监测等领域，能满足持续提供稳定的中分辨率普查数据的需求。

探测二号卫星在技术厂房

中欧联合实施空间探测计划

2001年7月9日，中国国家航天局与欧洲航天局在巴黎签署空间探测的合作协议，确定中国研制发射2颗探测卫星的“双星计划”，与欧洲航天局发射“星团计划”的4颗卫星配合，在从太阳到地球的空间中形成人类历史上第一次对地球空间的六点立体探测，探索“地球空间暴”的发生规律。

我国的“双星计划”全称为“地球空间双星探测计划”，是第一个由中国科学家提出的以中方为主的空间探测国际合作计划，也是中国与欧洲合作的第一个科学探测卫星项目。它包括2颗以大椭圆轨道绕地球运行的小卫星探测一号和探测二号，分别运行在地球近赤道区和极轨区这两个地球空间环境变化最为重要的区域，对地球空间环境现象进行星座式组合探测，有助于研究太阳活动、行星际扰动触发磁层空间暴和灾害性地球空间天气的物理过程，可以为空间活动的安全以及人类生存环境的维护提供科学数据和相应对策。

这个“双星计划”的运载工具采用长征二号丙/SM(SM即指上面级)火箭。火箭全长，箭体直径，起飞质量，第一、二级发动机采用的推进剂和推力，卫星整流罩直径等与“长征二号丙改”火箭基本相同。它的上面级则采用一个大推力小偏差的新型固体发动机，质量约3吨，真空推力107千牛，并配有挤压式单组元姿控发动机。新研制的惯组能满足长时间高转数旋转状态下姿态角的高精度测量要求，新研制的上面级姿控发动机系统能满足自旋稳定的自动控制和三轴姿态控制要求，可将有效载荷700千克的双星项目“赤道星”和“极轨星”分别送入近地点550千米和700千米、远地点78051千米和39000千米、倾角28.5度和90度的运行轨道。

双星计划中的探测卫星

在厂房中的探测一号和探测二号“双星”

“双星计划”中的探测一号“赤道星”和探测二号“极轨星”，均采用CAST968小卫星平台，由中国空间技术研究院负责卫星平台研制和卫星总成，星上有效载荷数据的采集管理与传输以及部分探测仪器由中科院空间科学与应用研究中心研制，其他有8种探测仪器由欧洲航天局提供。

2003年12月30日，在西昌卫星发射中心，我国用长征二号丙/SM运载火箭发射探测一号“赤道星”获得成功。卫星重约350千克，设计寿命18个月。该星共搭载8个项目17台套有效载荷，其中欧洲航天局提供5个项目14台套。这是我国第一次发射高轨道卫星，远地点高度达到78051千米，比地球同步轨道高一倍多。探测一号卫星的成功发射和运行，标志着我国高水平的空间物理与环境探测进入实质性发展阶段。

2004年7月25日，在西昌卫星发射中心，第二枚长征二号丙/SM运载火箭发射升空，把探测二号“极轨星”准确送入近地点681千米、远地点38276千米、倾角90度的大椭圆轨道，围绕近地极区轨道运行。卫星重约343千克，设计寿命12个月，构型与探测一号基本相同，为直径2.1米、高1.4米的圆柱形，但装载了功能不同的有效载荷，包括三分量磁通门磁强仪、中性原子成像仪、电子和电流仪、高能电子探测器、高能质子探测器、重离子探测器、低频电磁波探测器和低能粒子探测器。这颗卫星用于探测太阳风能量和近地磁层区能量向极区电离层大气的传输，以及电离层粒子向磁层中的传输过程。

总设计师张永维率领“双星”团队，在研制中采用先进的并行工作法，把问题解决在较低的级别和层次上，并行完成电子试验床、控制系统试验床、有效载荷试验床的系统集成和软件试验，保证了整星电性能测量的顺利开展，卫星各项技术性能指标满足卫星研制的总要求。在“双星”研制中，实现了磁洁净度、表面电位洁净度和抗辐射等关键技术的新突破。由于卫星飞行轨道高，卫星测控增加了难度，而且卫星一天两次穿越极其恶劣的辐射环境，对卫星抗辐射提出了很高的要求。张永维提出加大卫星蓄电池容量；为保证舱内温度，进行了隔热屏合理的热设计；针对卫星表面等电位要求高的特点，采取特殊技术，使卫星表面的电阻率得到有效控制。这两颗卫星上天后，运行情况良好，国际上都十分关注卫星发回的数据。

这两颗探测卫星的发射成功和有效运行，完成了我国与欧洲航天局的空间探测合作任务，实现了共同进行磁层顶及其相应区域探测，提升了我国科学卫星的研制水平。

长征三号乙运载火箭享誉世界

1993 年，为适应发射国内外重型卫星的需要，中国运载火箭技术研究院承担研制长征三号乙火箭的任务。这一年 10 月 8 日，中国长城工业公司就使用新研制的长征三号乙火箭发射美国一颗大功率通信卫星，签订了第一个发射合同。随后，又与菲律宾、法国、美国及中国香港亚太通信卫星有限公司签订了长征三号乙火箭的发射服务合同。

长征三号乙运载火箭是在长征三号甲和长征二号 E 两种火箭的基础上新研制的一种三级捆绑式大型液体火箭，其中芯级基本上沿用长征三号甲，四周捆绑 4 个液体助推器，基本上与长征二号 E 的结构相同，总设计师是长征三号甲的总设计师龙乐豪。火箭全长 54.86 米，最大直径 3.35 米，第三级直径 3 米，整流罩直径 4 米。第一、二级使用常规推进剂，第三级采用液氢液氧推进剂，芯级下部四周捆绑 4 个直径 2.25 米的液体助推器。它的起飞质量 426 吨，起飞推力 5923 千牛，可把 5.1 吨重的卫星送入地球同步转移轨道。长征三号乙火箭的运载能力比长征三号甲提高了近一倍，比长征三号提高了两倍多，成为发射重型卫星的主力火箭。

长征三号乙运载火箭

长征三号乙运载火箭从 1993 年 2 月 1 日批准立项研制，到第一枚火箭准备飞行，只用了 3 年时间。1996 年 2 月 15 日，首枚长征三号乙运载火箭发射国际 708 通信卫星，但由于火箭控制系统平台随动环稳定回路电子器件出现故障，火箭起飞后 2 秒姿态失稳而坠毁。这次意外爆炸事故，是中国航天进入国际市场以来最惨重的失利。中国运载火箭技术研究院被逼到了“失败不起，没有退路，只能成功，背水一战”的境地。在严峻的形势面前，广大职工表现出空前的凝聚力、向心力和高度的主人翁精神，认真贯彻“严上加严、细上加细、慎之又慎”的要求，提出了“一切为了成功，一切服务成功”的口号。经过 3 个月的紧张工作，对故障进行分析和模拟，完成 12 大类 125 项地面试验，查明了原因。在此基础上，设计师系统提出了 44 项、256 条改进措施，其中包括发射任务特殊要求带来的技术状态更改。经过专家严格评审，并向世界上主要卫星经营保险商进行故障调查报告宣讲，然后研制单位从设计、生产、试验各个环节进行全面质量复查，加强设计、生产、试验中的管理工作，进一步完善火箭设计，采取一系列措施，提高了火箭的可靠性和整体性能。

1997 年 8 月 20 日，第二枚长征三号乙火箭在西昌卫星发射中心发射升空，把美国制造的菲律宾马部海通信卫星顺利送入预定轨道。这次发射是根据中国长城工业公司与美国劳拉空间系统公司于 1995 年 5 月签订的发射服务协议进行的。这颗卫星是美国劳拉空间系统公司在 FS1300 平台基础上制造的三轴稳定地球同步轨道通信卫星。它的最大分离质量为 3770 千克，共有 30 个 C 波段转发器和 24 个 Ku 波段转发器，能为菲律宾、东南亚其他覆盖地区提供语音、图像和数据传输等通信服务。卫星定点于东经 144 度赤道上空，在轨设计寿命 12 年。我国火箭工程技术人员不辱使命，顺利完成长征三号乙火箭第二次发射外国卫星的合同。菲律宾马部海卫星公司总裁雷恩德在发射成功后说："现在可以宣布，我们选择长征三号乙火箭来发射我们的卫星是完全正确的。我们永远不会忘记这一次发射，永远不会忘记中国，永远不会忘记今天在这里创造历史的人们。"

美国制造的中卫一号通信卫星

这次成功发射之后，长征三号乙火箭又成功地执行了发射国外重要卫星的合同。1997 年 10 月 17 日发射成功美国劳拉空间系统公司制造的香港亚太二号 R 通信卫星。1998 年 5 月 30 日、7 月 18 日，又先后发射成功美国洛马公司制造的中卫一号通信卫星和以法国宇航公司为主承制的鑫诺一号通信卫星。

特别是 2005 年 4 月 12 日，在经历冲破美国阻挠的 7 年艰难斗争后，长征三号乙运载火箭在西昌卫星发射中心将一颗亚太六号通信卫星发射升空，准确地把卫星送入近地点 209 千米、远地点 49991 千米、倾角 26 度的超地球同步转移轨道，发射获得圆满成功。亚太六号是由法国阿尔卡特空间公司制造的，卫星重 4.6 吨，携带 12 个 Ku 波段和 38 个 C 波段转发器，定点在东经 134 度赤道上空，设计寿命 15 年，为东南亚、澳大利亚以及夏威夷等地的广播、电视、通信服务。这次长征三号乙火箭的成功发射，标志着中国打破美国的限制，重新回到国际卫星发射市场。

此后到 2018 年 8 月，长征三号乙火箭又有过 42 次发射，其中除成功发射美国和法国研制的重型通信卫星外，还成功发射了我国为玻利维亚、老挝、白俄罗斯、阿尔及利亚等发展中国家研制的重型通信卫星。

尼日利亚一号通信卫星

中国卫星跻身国际市场

我国不仅以长征运载火箭登上发射国际商业卫星的舞台，而且还实现了卫星出口零的突破，以我国的火箭、卫星以及发射支持的整体方式，为发展中国家提供商业卫星服务。

2004 年 12 月 15 日，中国长城工业公司与尼日利亚宇航局签订了中国为尼日利亚提供研制和发射尼日利亚一号（尼星一号）通信卫星的合同。2005 年 11 月 1 日，中国长城工业公司与委内瑞拉科技部签署委内瑞拉卫星一号（委星一号）通信卫星项目合同。这 2 颗卫星由中国负责研制、发射和在轨交付的全部工作。

尼日利亚一号通信卫星由中国空间技术研究院研制，采用我国新研制的东方红四号卫星平台，周志成是东方红四号卫星平台的总设计师。东方红四号卫星平台具有输出功率大、承载能力强、服务寿命长等特点。这个卫星平台质量 5200 千克，输出功率 10.5 千瓦，卫星转发器质量 800 千克，转发器功率 8000 瓦。卫星采用长征三号乙运载火箭在西昌卫星发射中心实施发射，并建设分别位于尼日利亚首都阿布贾和中国新疆喀什的两个地面站，提供人员培训和操作支持服务。

尼日利亚一号通信卫星有 5 个显著特点：一是有效载荷复杂，有 28 个不同波段（4 个 C 波段、18 个 Ku 波段、4 个 Ka 波段和 2 个 L 波段）的转发器和 7 副天线；二是业务范围广，可用于通信广播、电视直播、互联网、导航等业务；三是服务区域广，可覆盖整个非洲，并实现与欧洲的互联；四是卫星寿命长，寿命长达 15 年；五是研制周期短，仅为 2 年。卫星整体性能达到国际同类通信卫星的先进水平。

2007 年 5 月 14 日，一枚长征三号乙运载火箭载上尼日利亚一号通信卫星发射升空。26 分钟后，从西安卫星测控中心传来的数据表明，星箭分离，卫星准确进入近地点 209 千米、远地点 41951 千米、轨道倾角 25 度的地球同步转移轨道，发射获得圆满成功。卫星起飞质量 5086 千克，采用三轴稳定方式。它在西安测控中心的控制下，实施了 5 次变轨，5 月 22 日定点于东经 42 度赤道上空。7 月 6 日，这颗卫星在轨交付尼方正式投入运营，满足尼日利亚在电信、广播、宽带多媒体等领域服务的需求。但到 2008 年 11 月 11 日，因太阳翼出现故障，电能耗尽，卫星失效。2009 年 3 月 24 日，中国长城工业公司与尼日利亚通信卫星有限公司正式签署尼星 1R 项目合同。按合同规定，中国于 2011 年 12 月 20 日在西昌卫星发射中心，成功发射一颗因太阳帆板驱动机构故障而在轨失效的尼日利亚一号通信卫星的替代星，这颗尼日利亚通信卫星 1R 与尼星一号基本相同，将主要用于尼日利亚通信、广播、远程教育、宽带多媒体、导航等服务。

委内瑞拉一号通信卫星成功发射

长征三号乙火箭成功发射巴基斯坦通信卫星

2008 年 10 月 30 日，委内瑞拉一号通信卫星发射成功。这颗卫星也采用东方红四号卫星平台，起飞质量 5100 千克，星上装有 14 路 C 波段、12 路 Ku 波段、2 路 Ka 波段转发器，载有 4 副通信天线，输出功率 7.75 千瓦，设计寿命也是 15 年。卫星最终定点于西经 78 度赤道上空，覆盖南美大部分地区及加勒比海部分地区，主要用于通信、广播、远程教育和远程医疗等领域。委内瑞拉巴马里和卢埃巴两个地面站也先后建成。2009 年 1 月 10 日，中国正式向委内瑞拉在轨交付委内瑞拉一号通信卫星以及相关地面测控和电信系统。这是我国首次向拉丁美洲用户提供整星出口和在轨交付服务。

2011 年 8 月 12 日，我国长征三号乙运载火箭成功发射巴基斯坦通信卫星 1R。这是我国继尼日利亚通信卫星、委内瑞拉通信卫星之后，实施的第三个整星出口项目。巴基斯坦通信卫星 1R 采用东方红四号卫星平台，星上装载有两个频段 30 路转发器和 3 副天线，卫星波束覆盖南亚、中东、非洲东部地区以及欧洲部分城市和地区，满足巴基斯坦在电信、广播、宽带多媒体等领域的通信需求。

2013 年 12 月 21 日，我国长征三号乙运载火箭发射玻利维亚通信卫星，这是我国向国际用户出口的第六颗国产卫星。卫星采用东方红四号卫星平台，最终定点于西经 87.2 度地球静止轨道，主要用于玻利维亚及周边地区的广播通信及远程教育、远程医疗等民生工程。2015 年 11 月 21 日，我国长征三号乙运载火箭发射成功老挝一号通信卫星，这颗卫星有 22 路转发器，可同时播出 60 ～ 80 套电视节目，为老挝及卫星覆盖区域用户提供卫星电视直播、通信和数据传输服务。2016 年 1 月 16 日，我国长征三号乙运载火箭成功发射白俄罗斯一号通信卫星，这是我国第九颗卫星在轨交付项目，主要用于白俄罗斯及覆盖地区的广播、电视、通信、远程教育、宽带多媒体等服务。2017 年 12 月 11 日，我国完成用长征三号乙运载火箭成功发射阿尔及利亚一号通信卫星的合同任务。

正在测试中的玻利维亚通信卫星

这些卫星项目是中国和平利用空间技术的实践。我国研制的运载火箭、通信卫星以及测控系统，完全能够提供完整配套的卫星发射和应用服务。

第五章　辉煌跨越——星箭竞飞

1999 年，国防科技工业体制进行重大改组和调整，中国航天工业总公司一分为二，组建中国航天科技集团公司（2017 年 12 月改制后，更名为中国航天科技集团有限公司）和中国航天机电集团公司（2001 年更名为中国航天科工集团公司，2017 年 12 月改制后变更为中国航天科工集团有限公司），共同担负起了继续发展航天事业的使命。以航天两大集团公司为首的众多企业共同担负起了继续推进航天科技工业发展的任务。

21 世纪，我国航天技术进入跨越式发展阶段。这一阶段，进入空间能力和空间应用能力得到全面提升和增强，新一代运载火箭和应用卫星展现出广阔发展前景。这一阶段分为星箭竞飞、载人航天和月球探测三个部分。

这一阶段第一部分“星箭竞飞”的标志性成果有：2000 年 9 月 1 日，第一颗资源二号卫星顺利发射入轨，2004 年 11 月 6 日，第三颗资源二号卫星发射成功，3 颗资源二号卫星组网运行；2002 年 5 月 15 日，第一颗海洋卫星发射成功；2004 年 10 月 19 日，我国自主研制的第一颗业务型地球静止轨道气象卫星风云二号发射成功；2006 年 10 月 29 日，第三代第一颗通信卫星鑫诺二号发射成功；2007 年 4 月 14 日，第一颗北斗导航卫星送入预定轨道，2012 年 10 月 25 日第 16 颗北斗导航卫星发射成功，这十六颗卫星共同组成了覆盖亚太地区的北斗区域卫星导航系统。2008 年 4 月 25 日，第一颗采用东方红三号卫星平台的天链一号跟踪与数据中继卫星发射成功；2008 年 5 月 27 日，风云三号第二代极轨气象卫星发射成功，并被世界气象组织纳入新一代世界极轨气象卫星网；2008 年 9 月 6 日，环境一号双星发射成功；2013 年 4 月 26 日，高分专项工程第一颗高分一号对地观测卫星发射成功；2015 年 12 月至 2017 年 6 月，我国又先后成功发射悟空号、墨子号、慧眼号等空间科学实验卫星，开展空间探测活动。2016 年 11 月 3 日，我国新一代大型运载火箭长征五号发射获得圆满成功。中国航天技术步入载人航天、深空探测的跨越发展。

中国航天发展的新目标

2000 年 11 月，我国政府公开发布《中国的航天》白皮书，首次全面、系统地向全世界介绍了中国航天的发展战略和有关政策，阐述了中国航天活动的现状和发展计划。这是中国航天发展史上具有里程碑意义的事件。

21 世纪初，我国航天事业已达到相当规模和水平，航天科技工业已具备完整配套的研究、设计、试制、生产、试验和质量保障体系；造就了一支勇于创新、勤奋敬业、作风顽强、攻坚克难的航天科技队伍；长征系列运载火箭技术达到世界先进水平，可以满足发射不同轨道、不同用途卫星的需要；各种应用卫星形成系列，卫星应用技术日趋成熟，取得显著效益；载人航天技术取得突破，先后实现了载人进入太空、太空行走、空间交会对接和驻留天宫飞行，并进入空间站建设时代；月球探测起步，完成了六次探月飞行，特别是首次成功对月球背面的探测，实现了对月球探测的“绕、落、回”三步目标，并取得探月初步成果。2020 年又踏上了火星探测的新征程。中国航天技术已从试验走向应用，在空间科学、空间技术和空间应用三大领域都取得了重大跨越和巨大成就。

我国发展航天事业的指导方针是自主创新、重点跨越、支撑发展、引领未来。根据国家发展航天科技工业的要求，中国航天科技集团有限公司制订了“发展航天、强大集团、改革创新、铸造一流”的发展方针和“专业化、产业化、集团化、国际化”的建设方略，确定了“自信自强、无私无畏、敢想敢为、尽善尽美”的企业精神和“以国为重、以人为本、以质取信、以新图强”的价值观，提出了“铸造国际一流宇航公司”的发展目标，在导弹武器技术、运载火箭技术和卫星研制技术、载人航天技术、月球探测技术、航天技术应用和产业化、航天技术和产品的对外开放与国际合作等方面实现重大跨越。中国航天科工集团有限公司提出了建设成为国际一流的航天防务公司和具有国际竞争力的大型跨国企业集团的战略目标，确立了以“图强、变革、诚信、团队”精神为核心的理念，坚持“面向市场、航天为本、科技创新、质量制胜”的指导思想，以导弹武器系统、卫星及卫星应用、航天信息技术等为主业，完成以国家重点型号和民用标志工程为代表的军民品科研生产任务。中国航天始终把目光瞄准世界高科技前沿，自力更生、自主创新发展，把科技强军、航天报国，推进航天技术产业化，服务经济建设和国防建设，实现强国富民、提升国力作为自己的历史使命。

根据国家的现实需要和长远发展规划，《2006 年中国的航天》白皮书明确了中国航天科技工业未来五年发展的目标：运载火箭进入空间能力和可靠性水平明显提高；建立长期稳定运行的卫星对地观测体系；协调配套的全国卫星遥感应用体系；建立比较完善的卫星通信广播系统，卫星通信广播产业规模和效益显著提高；分步建立满足应用需求的卫星导航定位系统，初步形成卫星导航定位应用产业；初步实现应用卫星和卫星应用由试验应用型向业务服务型转变。载人航天实现航天员出舱活动及航天器交会对接，建设中国自己的空间站载人长期驻留飞行；实现对月球的探测，完成在月球的采样返回任务，开始火星探测等空间科学研究取得重要原创性成果。

《2006年中国的航天》白皮书

我国航天科技工业发展的主要任务包括以下几个方面。

一、在提升进入空间能力方面，研制发射新一代大型运载火箭和小型运载火箭。在进一步提高现有“长征”系列运载火箭的可靠性和发射适应性的同时，集中力量研制新一代无毒、无污染、高性能、低成本的大推力运载火箭和小型运载火箭。大型运载火箭实现近地轨道运载能力 25 吨、地球同步转移轨道运载能力 14 吨，建成新一代运载火箭型谱。

二、发展新型遥感卫星，实施高分辨率对地观测系统工程，包括研制发射新型极轨和静止轨道气象卫星、海洋卫星、资源卫星、环境与灾害监测预报小卫星、新型遥感卫星等，初步形成全天候、全天时、多谱波段、不同分辨率、稳定运行的对地观测体系，在卫星遥感应用领域取得突破性进展。

三、研制发射寿命长、可靠性高、容量大的地球静止轨道通信卫星和电视直播卫星，组成新一代卫星广播通信空间网，扩大通信广播卫星及其应用的产业规模。

四、完善北斗导航试验卫星系统，实施北斗卫星导航系统计划、建成北斗全球卫星导航系统，扩展卫星导航应用领域和市场。

五、研制发射新技术试验卫星，加强新技术、新材料、新器件、新设备的空间飞行试验，提高自主研发水平。

六、载人航天实现航天员出舱活动，进行航天器交会对接试验，研制发射短期有人照料的空间实验室和长期在轨自主飞行的载人空间站。

七、研制发射月球探测器，突破月球探测、着陆和采样返回技术，实现“绕、落、回”的探月三步目标，开展火星等的星际航行探测活动。

八、提高航天测控网的技术水平，扩大测控覆盖率，具备满足深空探测需求的测控能力；提高航天发射场的综合试验能力以及发射设施的可靠性和自动化水平，新建海南文昌航天发射场，优化航天发射场格局。

长征二号丁运载火箭成功发射返回式科学及技术实验卫星

返回式卫星再创新纪录

返回式卫星是我国发射数量较多的一种应用卫星，产生了显著的社会效益和经济效益。现已研制并发射了 6 种型号的返回式卫星，功能涵盖了国土普查、遥感测绘、太空育种等。

从 1975 年 11 月至 2016 年 4 月，我国已共计发射 25 颗返回式卫星，其中发射成功 24 次，回收成功 23 次。从 2003 年 11 月至 2006 年 9 月，完成新一代第四、五、六种返回式卫星的发射和回收，均获得圆满成功。

这三种新一代返回式卫星以中国空间技术研究院为主研制，卫星的构型基本相同，整星由圆柱体、截圆锥体和球形头部组成。卫星质量为 3.4 吨～ 3.9 吨，最大直径为 2.2 米，最大高度为 3.144 米，工作寿命分别为 18 天、27 天和 15 天。卫星送入轨道的近地点为 170 ～ 210 千米，远地点为 350 ～ 510 千米，周期为 90 分钟。卫星总设计师唐伯昶说：“我国新一代返回式卫星实现了七大技术飞跃：一是姿态控制精度提高，使卫星姿态更稳；二是采用对流换热技术，使卫星内部温度控制误差仅为 ±0.26 摄氏度；三是采用与神舟飞船一样的测控系统，使天地通信更可靠顺畅；四是程序控制更先进，能让卫星在太空中准确地进行各种动作；五是装载能力由过去的 3 吨左右提升到近 4 吨；六是采用锂电池作为主电源，持续供电的飞行能力由 15 天增至近 1 个月；七是轨道控制和返回指令更准确，回收落点误差大大减小。”

第四种返回式卫星用长征二号丁运载火箭发射，已成功发射了 3 颗，分别在轨飞行 18 天。这些返回式卫星主要用于科学研究、国土普查、地图测绘、空间技术试验等任务。2003 年 11 月 3 日发射的返回式卫星，于 11 月 21 日在四川中部地区成功回收。这颗卫星的整体性能有较大改进和提高，如为了适应有效载荷工作环境的需要，采用对流控热主动热控措施；大容量的锂电池首次在卫星上得到应用，解决了卫星质量限制与能源需求的矛盾。这颗卫星还搭载了 116 种作物种子，包括水稻、玉米等农作物，番茄、青椒、黄瓜、架豆、苦瓜等果蔬种子，甘草等中药材和沙棘等防风固沙的经济作物及草种，进行航天育种试验。2004 年 9 月 27 日发射的返回式卫星，于 10 月 15 日顺利返回地面。2005 年 8 月 29 日发射的返回式卫星，于 9 月 16 日成功返回地面。这颗卫星搭载了北京景山学校学生设计的“蚕在太空中吐丝结茧”的太空科学实验项目，他们将对从太空返回的生物舱中的太空蚕和实验数据进行研究，以了解蚕经过太空环境所发生的变异情况。

第五种返回式卫星用长征二号丙运载火箭发射，已成功发射了2颗，分别在轨飞行27天。2004年8月29日在酒泉卫星发射中心发射的返回式卫星，于9月25日在四川中部遂宁地区成功回收。2005年8月2日在酒泉卫星发射中心发射的返回式卫星，于8月29日在四川中部遂宁地区顺利返回地面。这2颗返回式卫星主要用于科学研究、国土普查、地图测绘、空间科学与技术试验等领域的试验任务。

第六种返回式卫星是2006年9月9日用长征二号丙运载火箭发射的实践八号育种卫星。经过15天的在轨运行，于9月24日在四川中部遂宁地区返回地面。在卫星飞越中国大地时接收和监测卫星传回的数据表明，卫星平台的电源、温度和姿态等参数均很正常。这颗育种卫星把9大类2000余份约215千克农作物种子带上太空，进行了太空环境下的诱变飞行试验。这些种子包括152个物种，其中植物133种、微生物16种、动物3种，主要任务是用于航天育种试验和研究，探索空间育种方面的规律。

首颗微重力科学实验卫星实践十号返回式卫星在总装测试

2016年4月6日，我国成功发射实践十号微重力科学实验卫星。这是我国发射的又一颗返回式卫星，卫星上搭载了19项实验载荷，专门用于微重力种子与空间生命科学实验。4月18日卫星回收舱在内蒙古四子王旗着陆场降落，所有实验设备完好无损，实验取得圆满成功。

实践十号微重力科学实验卫星返回地球

这几种返回式卫星在卫星热控、姿态控制、回收、压力控制、测控、能源技术等方面都有创新，卫星技术提高到了一个新水平。

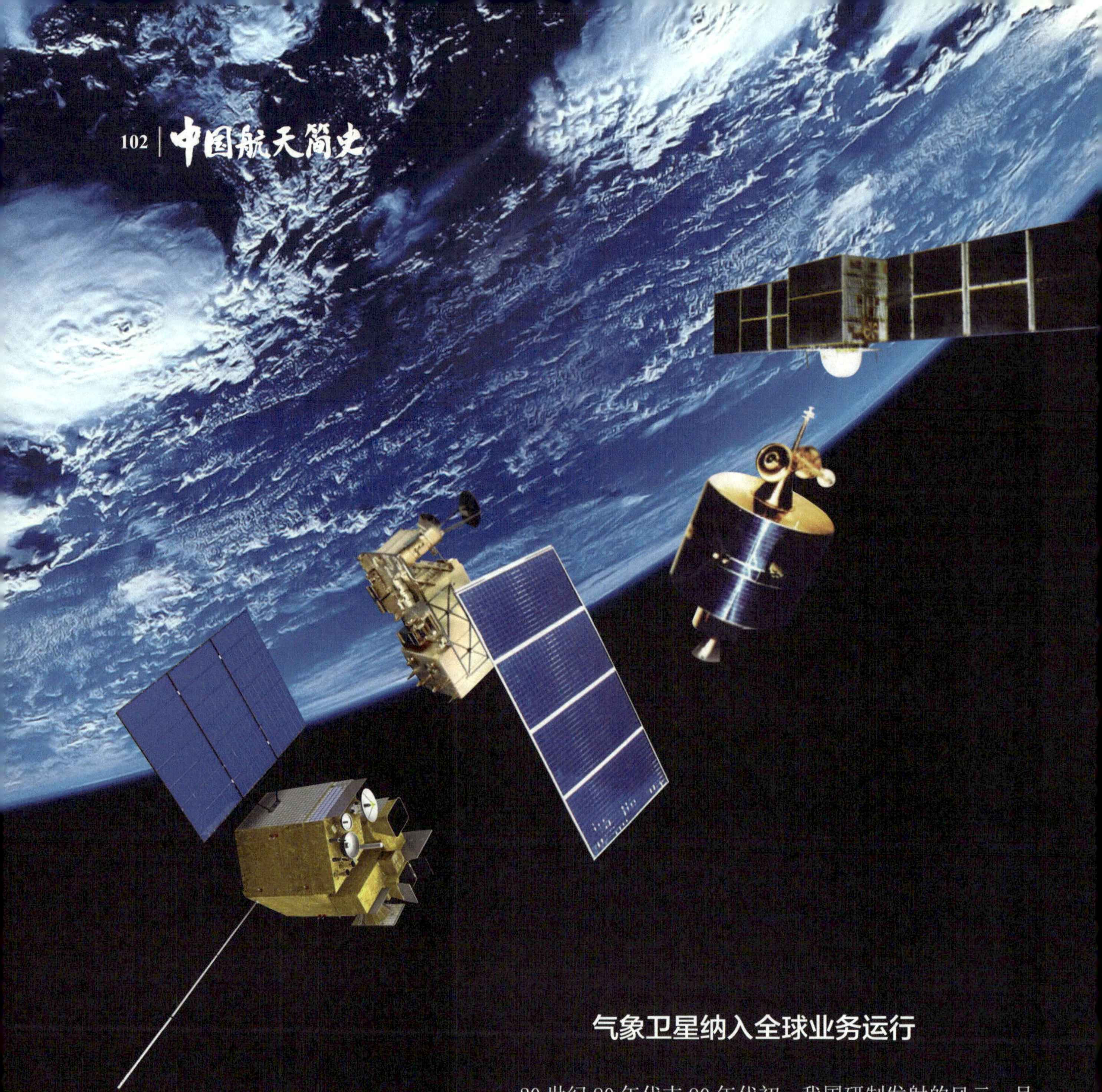

气象卫星纳入全球业务运行

20 世纪 80 年代末 90 年代初，我国研制发射的风云一号 A、B 两颗太阳同步轨道气象卫星，只分别在太空运行 39 天和 165 天就停止了工作。经过改进，10 年之后先后研制发射了风云一号 C 星和 D 星，在轨运行寿命都大大超过 5 年的设计寿命，而且都正式列入了世界气象组织的业务应用卫星行列。自 1997 年以来，又研制发射的 4 颗风云二号地球静止轨道气象卫星，均投入连续稳定的业务运行。在此基础上，我国气象卫星开始更新换代，第二代气象卫星已崭露头角，登上了叱咤风云的舞台。

1992 年国务院、中央军委批准风云一号 C 卫星为国家重点研制项目。风云一号气象卫星由上海航天技术研究院抓总研制，设计师为孟执中。经过 7 年的努力，1999 年 5 月 10 日，风云一号 C 星由长征四号乙运载火箭发射升空，进入高度 870 千米、倾角 98.8 度的太阳同步轨道。卫星外形为 1.42 米 ×1.42 米 ×1.2 米的六面体，质量 958 千克，太阳能帆板展开后长 10556 米。每天两次向世界各地气象台站实时发送 10 个通道 1.1 千米甚高分辨率的数字量云图，记录存储全球国外地区 4 个通道 4 千米分辨率的数字量云图，同时进行海洋水色探测和海洋遥感研究，利用星载空间粒子成分监测器为卫星工程和空间环境提供监测数据。风云一号 C 星上天 3 个月后，1999 年 8 月 22 日正式交付中国气象局使用，2000 年 8 月世界气象组织将其正式列入世界业务极轨气象卫星序列。这颗气象卫星在中长期天气预报、气象预报、全球环境变化研究、航空、航海等方面具有重要的应用价值。2002 年 5 月 15 日，风云一号 D 气象卫星发射升空，其负有接替 C 星的使命，主要任务与使用要求均与 C 星相同，成为我国第二颗业务应用极轨气象卫星。它在可靠性、设计、分析、试验等方面继承了 C 星的成熟技术和成功经验，专家针对 C 星的薄弱环节对 D 星的技术状态作了 14 项修改，进一步提高了卫星的稳定性和质量。在 C 星正式退役前，C 星和 D 星在太空双星高照，共同担负起世界的气象业务服务。

风云三号气象卫星测试

1993 年，第二代极轨气象卫星被列入国家航天计划，2000 年 9 月经国务院批准正式立项。新一代极轨气象卫星定名为风云三号，仍由上海航天技术研究院为主承担研制任务。风云三号气象卫星的目标是获取地球大气环境的三维、全球、全天候、定量、高精度资料。卫星的发射质量为 2295 千克，箱体结构尺寸为 4.44 米 ×1.0 米 ×3.97 米，轨道高度为 837 千米，倾角 98.753 度。星上装有 10 通道可见光红外扫描辐射计、26 通道红外分光计、20 通道中分辨率成像光谱仪、微波辐射计、微波成像仪、紫外臭氧探测仪、地球辐射探测仪和空间环境监测器等 8 种 11 台探测仪器。2008 年 5 月 27 日，第一颗风云三号极轨气象卫星用长征四号丙运载火箭发射，顺利进入高度为 807 千米、倾角为 98.8 度的太阳同步轨道，11 月 18 日正式投入业务试运行。风云三号 A 星在监测大范围自然灾害和生态环境，研究全球环境变化、气候变化规律和减灾防灾等方面发挥了重要作用。风云三号 A 星已被世界气象组织纳入新一代世界极轨气象卫星网。2010 年 11 月 5 日，第二颗风云三号极轨气象卫星发射成功。卫星总重 2.3 千克，采用三轴稳定姿态控制方式运行，设计寿命 3 年。卫星上装载 11 台遥感仪器。风云三号 B 星的成功发射，使我国向气象大国迈进了重要一步，卫星在我国甚至世界中长期数值天气预报方面发挥重要作用。

风云二号气象卫星振动试验

我国第一代地球静止轨道气象卫星风云二号由上海航天技术研究院为主研制，李卿任总设计师，从 1997 年 6 月到 2018 年 6 月共发射了 8 颗。它们定点于东经赤道上空，可连续、重复不断地对整个地球圆盘或某一区域进行成像观测，对天气预报特别是对中小尺度、生命史短的灾害天气的动态监测极为有效。3 颗静止轨道气象卫星就可观测东非、东欧、印度洋及整个西太平洋地区，同时又覆盖了中国大陆，满足我国气象和灾害监测的需求。

风云二号卫星的质量为1389千克，发射状态的直径2.1米、高4.38米，定点后高 3.1 米，采用自旋姿态稳定方式，设计寿命 3 年。每 25 分钟获取一幅地球全景圆盘图，5 ～ 10 分钟获取任一感兴趣区域图像。1997 年 6 月 10 日和 2000 年 6 月 25 日，长征三号运载火箭先后把风云二号 A 星和 B 星送入预定轨道，两星最终定点于东经 105 度和 123.5 度的地球静止轨道上运行。在轨测试性能良好，技术参数正常，获得的可见光、红外和水汽云图质量达到国外正常使用的自旋静止轨道气象卫星的先进水平。

2004年10月19日，风云二号C星用长征三号甲运载火箭发射升空，10 月 24 日定点于东经 105° 赤道上空，10 月 29 日就成功获取第一幅可见光云图，2005 年 7 月 14 日正式在轨交付，投入业务使用。这是我国第一颗业务型地球静止轨道气象卫星，卫星整体性能优于前两颗星，扫描辐射计的通道数由 3 个增至 5 个，可覆盖整个亚洲、太平洋地区和印度洋，获取的云图及数据传输至国内各地及亚太地区地面接收站，提供天气预报、汛期气象、防灾和重大工程的天气保障服务。

2006 年 12 月 8 日，风云二号 D 星由长征三号甲运载火箭发射升空，12 月 13 日定点于东经 86.5 度赤道上空，为 2008 年北京奥运会提供了准确、及时的气象服务。风云二号 D 星既可以作为 C 星的在轨备份星，也可根据需要与 C 星配合进行立体业务观测，实现中国静止轨道气象卫星双星业务系统建设目标，增强中国气象卫星在轨连续、稳定运行的可靠性，为中国及周边国家天气观测、气象预报和减灾防灾发挥重要作用。2008 年 12 月 23 日，风云二号 E 星发射成功，接替在轨超期服役的 C 星，正式投入业务化运行。2012 年 1 月 13 日成功发射风云二号 F 星，1 月 18 日卫星成功定点在东经 112 度赤道上空，1 月 19 日国家卫星气象中心成功获取卫星第一幅可见光云图，2 月 6 日卫星成功获取了第一张红外云图。风云二号 F 星是 03 批 3 颗卫星中的首发星，设计寿命提高到 4 年。它具有对选定区域进行更加灵活的高频次观测的功能，5 分钟可以完成 1 次覆盖南北方向 2000 千米区域的观测，大大提高了对台风、暴雨等中尺度灾害性天气的监测能力。

2013 年 9 月 23 日成功发射风云三号 C 星，与前两颗星一起实现三星组网，使观测数据更新时效由原来的 12 小时缩短为 6 小时。风云三号 C 星投入使用后，可在全球范围内实现全天候、多光谱、三维、定量气象探测，主要为中期数值天气预报提供气象参数并监测大范围自然灾害和生态环境，同时

长征四号丙运载火箭成功发射风云三号D星

为研究全球环境变化，探索全球气候变化规律以及航空、航海等提供气象信息。

2014 年 12 月 21 日成功发射风云二号 G 星，它是风云二号 03 批地球静止轨道气象卫星工程的第二颗业务应用卫星，主要用于获取可见光、红外云图和水汽分布图，收集气象、海洋、水文监测数据，开展气象预报和环境监测，对确保我国静止轨道气象卫星观测业务的连续稳定运行具有十分重要的意义。

2016 年 12 月 11 日，我国第一颗新一代静止轨道气象卫星风云四号成功发射升空，经过 6 天多的太空飞行，12 月 17 日在东经 99.5 度的赤道上空成功定点运行。这颗卫星实现了我国静止轨道气象卫星升级换代和技术跨越，对我国及周边地区的大气、云层和空间环境进行高时间分辨率、高空间分辨率、高光谱分辨率的观测，大幅提高了天气预报和气候预测能力。

2017 年 11 月 15 日，长征四号丙运载火箭成功发射风云三号 D 星，星上装载有 10 台（套）先进的遥感仪器。12 月 8 日，风云三号 D 星传回地面首幅可见光图像。它在正式投入应用后，已在提高天气预报水平、应对气候变化、服务生态文明建设、防灾减灾救灾、“一带一路”建设等方面发挥积极作用。2021 年 7 月 5 日又成功发射风云三号 E 星，它与在轨的 C 星和 D 星组网，形成“黎明、上午、下午”三星组网的运行格局，实现全球观测资料的百分之百覆盖。

风云四号静止气象卫星B星

2018 年 6 月 5 日，我国成功发射风云二号 H 星，这是我国第一代静止轨道气象卫星风云二号的最后一颗星。这颗卫星定点于东经 79 度赤道上空，设计寿命 4 年，将有助于提高我国大气系统上游地区监测能力，并为“一带一路”沿线国家、亚太空间合作组织成员国提供天气预报、防灾减灾等监测服务。我国共研制发射 8 颗风云二号卫星，确保了我国静止轨道气象卫星长期、稳定、连续地进行业务运行。

2021 年 6 月 3 日，第二颗新一代静止轨道气象卫星风云四号 B 星发射成功，与 A 星实现双星组网业务运行。我国气象业务卫星提高到了一个新的水平。

通信卫星树立崭新形象

20世纪90年代中后期，我国发射的东方红三号通信卫星使中国通信卫星水平向前跨越了一大步。东方红四号第三代大型静止轨道卫星公用平台的研制成功，将我国通信卫星的整体性能和技术提高到了一个新水平。

东方红三号卫星采用我国性能最稳定，经过多次飞行考验的成熟中等容量地球静止轨道卫星平台。这个中国第二代地球静止轨道卫星平台，本体为2.22米×1.72米×2.00米的箱体结构，平台质量2330千克，设计寿命8年。它装有大型展开式太阳电池翼和直径2米的通信天线，发射时均处于折叠状态。卫星入轨后，电池翼展开达18.1米，高度为5.7米。该平台除用于东方红三号通信卫星外，还先后用于“中星”系列通信卫星、鑫诺三号通信卫星、天链一号数据中继卫星等。

东方红三号卫星平台分为不同的舱段，平台服务分系统和有效载荷相对独立，所以在一定质量和功耗范围内可用于不同有效载荷的多种卫星。它的有效载荷质量为220千克，功率为980瓦。采用平台设备的减重措施和提高电源分系统性能，能使有效载荷质量和功率分别增加30%和13%左右。此外，东方红三号卫星平台上采用砷化镓太阳电池翼，可较大幅度提高供给有效载荷的功率和卫星寿命。

1994年和1997年，发射2颗东方红三号通信卫星，总设计师孙家栋和戚发轫主持研制工作。1994年采用东方红三号卫星平台的“中星”通信卫星立项，中国空间技术研究院为主研制，王家胜任总设计师。2000年1月26日、2003年11月15日、2006年9月13日，中星22号、中星20号和中星22号A三颗通信卫星依次发射成功。“中星”实用型系列通信卫星质量2.3吨，设计寿命8年，可以实现不同频段、不同区域之间的互联互通，为用户提供多种通信服务。最早发射的中星22号通信卫星在轨运行10多年，成为我国卫星长寿命、高可靠性的典范。

2007 年 6 月 1 日，采用东方红三号卫星平台的鑫诺三号通信卫星发射升空，并顺利入轨，定点于东经 92.2 度赤道上空运行，主要为中国通信、广播和数据传输服务。鑫诺三号上装有 22 个转发器，其中 16 个至少可传送 112 ～ 114 套电视节目。全国区域波束最多可使用 11 个转发器，至少可传输 74 ～ 96 套电视节目；可移动点波束最多可使用 6 个转发器，至少可支持 36 ～ 48 套电视节目。鑫诺三号具备直播电视的能力，终端用户使用 0.45 米天线就可以直接接收卫星广播电视、数字电影、直播电视和开展数字宽带多媒体业务。

2008 年 4 月 25 日，采用东方红三号卫星平台的天链一号跟踪与数据中继卫星发射成功。这是我国第一颗地球同步轨道数据中继卫星，主要用于为我国神舟载人飞船及后续载人航天器提供数据中继服务。2011 年 7 月 11 日和 2012 年 7 月 25 日，第二、第三颗地球同步轨道数据中继卫星天链一号 02 星和 03 星用长征三号丙运载火箭发射成功。它们与中继卫星天链一号 01 星组网运行，标志着我国第一代中继卫星系统正式建成。2016 年 11 月 22 日和 2021 年 7 月 6 日，第四颗、第五颗中继卫星天链一号 04 星和 05 星先后发射成功，它们与天链一号 01 星、02 星、03 星实现全球组网运行。这个中继卫星系统进一步提高了我国载人航天飞行任务的测控覆盖率，为我国神舟飞船以及未来空间实验室、空间站建设提供数据中继和测控服务，最先用于实施神舟飞船和天宫一号的空间交会对接任务。同时，还为我国中、低轨道资源卫星提供数据中继服务，为航天器发射提供测控支持。东方红三号卫星公用平台技术成熟，已越过通信卫星范围，扩展用于北斗系列导航卫星和嫦娥一号月球探测卫星。

天链一号中继卫星发射

中国空间技术研究院研制的东方红四号大型静止轨道卫星公用平台，具有输出功率大、承载能力强和服务寿命长的特点。这一卫星平台质量达 5150 千克，尺寸为 2.36 米 ×2.10 米 ×3.60 米，有效载荷承载能力 595 千克，采用全三轴稳定方式，设计寿命 15 年。广大科技人员攻克了大型中心承力筒、大容量贮箱、卫星电源及控制、星上综合数据管理、大型静止轨道卫星公用平台机械太阳电池翼及二次展开机构等技术难关。这个卫星平台具备携带 38 台 C 频段转发器、16 台大功率 Ku 频段转发器的能力。

尼日利亚一号通信卫星

委内瑞拉一号通信卫星

厂房中的鑫诺卫星

从 2006 年 10 月至 2016 年 1 月，我国采用东方红四号卫星平台研制地球静止轨道通信卫星，成功发射鑫诺二号、尼日利亚一号通信卫星、委内瑞拉一号通信卫星、鑫诺六号、中星 10 号、巴基斯坦 1R 通信卫星、尼日利亚 1R 通信卫星、中星 11 号、波利维亚通信卫星、亚太九号、老挝一号、白俄罗斯通信卫星等 16 颗卫星。

2006 年 10 月 29 日，第一颗采用东方红四号卫星平台的鑫诺二号通信卫星在西昌卫星发射中心，用长征三号乙运载火箭发射成功。卫星质量约 5.1 吨，整星设计功率 10 千瓦，有效载荷功率 5.6 千瓦，载有 22 台大功率 Ku 频段转发器和 5 副天线，采用圆极化方式，设计寿命 15 年。但由于定点过程中出现技术故障，致使太阳能帆板二次展开和通信天线展开未能完成，卫星无法提供广播传输服务。2007 年 5 月 14 日，采用东方红四号卫星平台的尼日利亚一号通信卫星发射成功，运行半年后，11 月 11 日因卫星太阳能帆板驱动机构发生故障而在轨失效。2011 年 12 月 20 日发射成功尼日利亚通信卫星 1R，用以替代在轨失效的尼星一号。2008 年 10 月 30 日，采用东方红四号卫星平台的委内瑞拉一号通信卫星发射升空，最终定点于西经 78 度赤道上空，运行状况一直良好。它覆盖南美地区及加勒比海部分地区，用于通信、广播、远程教育和远程医疗等服务。2010 年 9 月 5 日，长征三号乙运载火箭成功发射采用东方红四号卫星平台的鑫诺六号通信广播卫星。这颗卫星上有效载荷包括 24 路 C 频段转发器、8 路 Ku 频段转发器和 1 路 S 频段移动通信转发器，覆盖包括中国全境的亚太地区和我国部分周边国家和地区，能提供高效、优质的通信和广播业务服务。

东方红四号卫星平台在大容量广播通信、电视直播、数字音频广播和宽带多媒体等领域具有广阔的应用前景。

白俄罗斯通信卫星一号在技术厂房

尼日利亚通信卫星在厂房

结束没有海洋卫星的历史

我国是一个海洋大国，大陆海岸线长达18000多千米，共有海岛11000多个，海洋专属经济区300多万平方千米。海洋在我国社会经济发展中的战略地位极为重要，我国迫切需要高效的海洋卫星监测体系。1997年1月，中国空间技术研究院完成海洋一号卫星综合论证和立项准备，同年6月，国家正式批准立项研制，并将其列入“九五”航天研制计划。

海洋一号是一颗海洋水色卫星。海洋一号的功能主要是探测海洋水色环境，对于发展海洋渔业和养殖业，开展对赤潮的监测和港口的治理等有很好的应用前景。

2002年5月15日，海洋一号A星发射成功。卫星进入预定轨道后，经过7次轨道机动，到达798千米准太阳同步近圆形轨道。卫星采用可见光和红外手段探测地球上海洋水色水温，通过观测海水的光学特性、叶绿素浓度、海表温度、悬浮泥沙含量、黄色物质和海洋污染物，掌握海洋渔业资源状况、环境质量、重点河口港湾悬浮泥沙分布规律，为开展海洋资源利用、海洋环境保护及海域执法管理工作服务。海洋一号A星的成功发射，结束了我国没有海洋卫星的历史，标志着我国在海洋卫星遥感领域迈入世界先进国家行列。

海洋一号卫星依靠CAST968小卫星公用平台研制，是一颗三轴稳定的准太阳同步轨道试验型应用卫星。卫星本体为长1.2米、宽1.1米、高0.996米的六面体，两扇太阳电池阵展开后跨度为7.529米。卫星重约367千克，设计寿命2年。卫星上的有效载荷设备包括一台10波段分辨率为1.1千米、幅宽1600千米的海洋水色扫描仪，一台4波段分辨率为250米、幅宽500千米的CCD相机，一套X波段数据传输系统。海洋一号A星发射升空后第14天就开始正式下传海洋水色扫描仪与CCD成像仪所探测的数据，北京卫星海洋应用中心地面站成功接收到卫星遥感图像。

2002年9月18日，海洋一号A星正式交付使用。一年内，卫星就对全球海域连续进行了1338次观测，其中我国海域和陆地922次、境外海域416次，多次监测到我国近海海洋灾害特征。卫星的观测数据产品在国内海洋管理、科研、教学等部门、单位得到广泛使用。海洋一号A星的应用表明，我国有能力对所管辖海域的水色实施大面积、实时和动态的监测，并具备对全球各大洋和南北极区的探测能力。它获得的数据在海洋资源开发与管理、海洋环境监测与保护、海洋灾害监测与预报、海洋科学研究、海洋领域的国际与地区合作等方面发挥作用。

海洋一号B星发回的影像图

海洋一号A星的成功发射和运行，是我国海洋水色遥感划时代的里程碑，为我国的海洋卫星系列发展奠定了技术基础。

2005年7月，国防科工委正式下达海洋一号B星的研制任务。2007年4月11日，我国第二颗海洋卫星海洋一号B星发射成功，使卫星海洋水色遥感业务得以继续保持。4月20日，海洋一号B星向地面接收站传回第一轨遥感图像，图像清晰，显示了渤海、东海、南海、长江口区域的海洋水色、海岛及海岸带特征，信息十分丰富。卫星质量为442.5千克，运行在798千米高的太阳同步轨道，覆盖周期为水色仪1天、海岸带成像仪7天，采取三轴稳定对地定向，设计寿命3年。海洋一号B星主要用于探测叶绿素、悬浮泥沙、可溶有机物及海洋表面温度等要素和进行海岸带动态变化监测，为海洋经济发展和国防建设服务。到2007年年底，海洋一号B星已累计成像1371轨，探测区域覆盖全球。所获图像层次丰富，可明显分辨出近海水色层次信息。它的正式投入使用，标志着我国海洋卫星和卫星海洋应用事业跃升到一个新的高度。

2018年9月7日，我国海洋一号C星发射入轨。它是我国民用空间基础设施规划的首颗海洋业务卫星，主要用于全球大洋水色、水温环境监测，为海洋生物资源开发利用、河口港湾建设与治理、海洋污染监测与防治以及全球环境变化研究等领域服务。2020年6月11日，海洋一号D星发射成功，与C星成功组成我国首个海洋民用业务卫星星座，双星组网大幅提高我国对全球海洋水色、海岸带资源与生态环境的有效观测能力。

2011年8月16日，我国用长征四号乙运载火箭成功地将海洋二号A星送入预定轨道。海洋二号A星是我国第一颗获取海洋动力环境数据的卫星。它具备对海啸、巨浪等突发灾难的监测能力。2018年10月25日，我国成功发射海洋二号B星，接替A星在海洋防灾减灾、海洋环境预报、海洋资源开发、海洋科学研究及国际合作等领域发挥更加重要的作用。2020年9月21日和2021年5月19日，又先后成功发射海洋二号C星和D星，组成了全球首个海洋动力环境观测网。

我国海洋卫星的发展目标是建立海洋水色、海洋动力、海洋监视监测系列卫星，现已建成海洋一号、海洋二号两个卫星系列，还将对海洋三号卫星进行方案论证。我国将不断提升海洋卫星在轨运行的可靠性和业务化应用水平，实现海洋卫星和卫星应用的持续稳定发展。

海洋二号海洋动力环境监测卫星成功发射

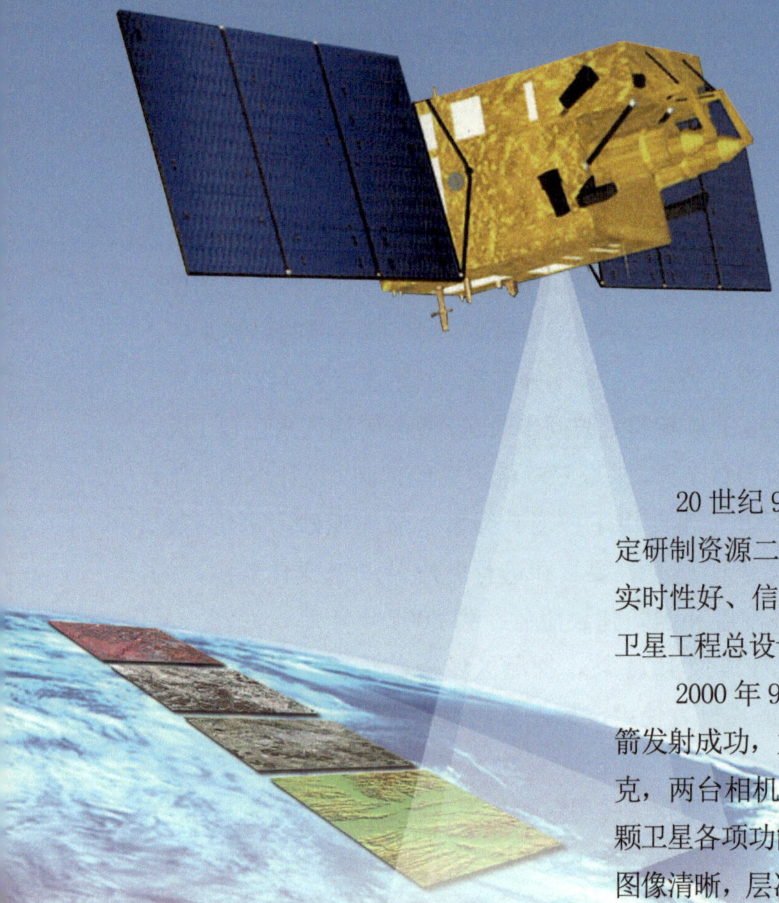

资源二号卫星组网运行

20 世纪 90 年代初，在中巴资源一号卫星的基础上，国家决定研制资源二号传输型对地观测卫星。传输型对地观测卫星具有实时性好、信息量大、观测区域广的特点。闵桂荣担任资源二号卫星工程总设计师，叶培建担任资源二号卫星总设计师。

2000 年 9 月 1 日，第一颗资源二号卫星用长征四号乙运载火箭发射成功，第二天就开始传输图像。资源二号卫星质量 2800 千克，两台相机覆盖地面 599 米，分辨率 5 米。在轨运行期间，这颗卫星各项功能发挥正常，共向地面应用系统传输图像几十万景，图像清晰，层次丰富，信息量大，性能满足或优于设计指标要求。在全新平台、全新有效载荷的高难度大卫星中，资源二号卫星创造了首次发射成功、立即投入使用和长期成功运行的新纪录。

资源二号卫星采用了新型高性能太阳同步轨道卫星平台，由结构、姿态与轨道控制、热控、电源和测控等分系统组成。这一卫星平台具有很好的双舱结构，贯彻了通用化、组合化、系列化的设计思想。它可搭载高分辨率相机等多种遥感设备，能够完成多种飞行任务。其特点是承载能力强、姿态控制精度高、具备机动变轨能力、数据存储量大、数据传输率高、实际寿命远远超出设计工作寿命。

2002 年 10 月 27 日和 2004 年 11 月 6 日，我国成功发射两颗资源二号卫星，完成 3 颗资源卫星共轨、同面、相差 120 度组网，从而大大缩短了卫星对地观测重复周期，进一步提高了时间分辨率和系统的可靠性，创下了我国不同时间发射同一型号的 3 颗卫星辉映太空的纪录。

资源三号卫星吊装

资源二号卫星在研制之初，并无组网运行的计划，而是按每颗卫星设计寿命为两年，在一颗卫星发射运行两年后，再发射一颗卫星替代前一颗卫星运行。但在资源二号 03 星发射前，01 星和 02 星还在超期服役，这就为实现三星组网奠定了基础。资源二号卫星研制人员采取主动控制措施，对 01 星和 02 星顺利实施位置调整，并对轨道控制和姿态控制方案优中选优，选择适合的控制措施和控制时机，在 20 天的时间里完成了资源二号 03 星的在轨测试，成功实现三星组网。这标志着我国太阳同步轨道卫星研制技术取得了重大突破，在卫星长寿命、高可靠性研制方面积累了经验。

资源二号连续发射成功并超期服役。其中，资源二号 01 星在轨正常运行 4 年 3 个月，资源二号 02 星在轨运行 3 年 10 个月，资源二号 03 星在轨运行也超过 4 年。它们主要用于国土资源勘查、环境监测与保护、城市规划、农作物估产、防灾减灾和空间科学试验等领域。

2008 年 3 月，国家批准研制资源三号卫星，这是一种高分辨率光学传输型立体测绘卫星。2012 年 1 月 9 日，第一颗资源三号卫星由长征四号乙运载火箭发射入轨。卫星的飞行状态尺寸为长 14.22 米、宽 3.05 米、高 3.92 米，质量约为 2650 千克，设计工作寿命为 5 年。它在高 500 ～ 600 千米的太阳同步轨道上运行，在一个回归周期内可对地球南北纬 84 度以内地区实现无缝影像覆盖，回归周期为 59 天，重访周期为 5 天。资源三号卫星集测绘和资源调查功能于一体，主要用于 1:50000 比例尺立体测图和数字影像制作，以及 1:25000 等比例尺地形图部分要素的更新，开展国土资源调查与监测，还可为农业、灾害、资源环境、公共安全等领域或部门提供服务。2016 年 5 月 30 日，第二颗资源三号卫星发射升空，这是首颗业务星；2020 年 7 月 25 日，第三颗资源三号卫星发射成功。它与前两颗资源三号卫星组网运行，使卫星系统重访周期从单星 5 天提高到双星的 3 天，进一步提高了我国立体测图的业务化运行能力，确保长期稳定获取高分辨率立体测绘数据。

资源三号卫星合整流罩

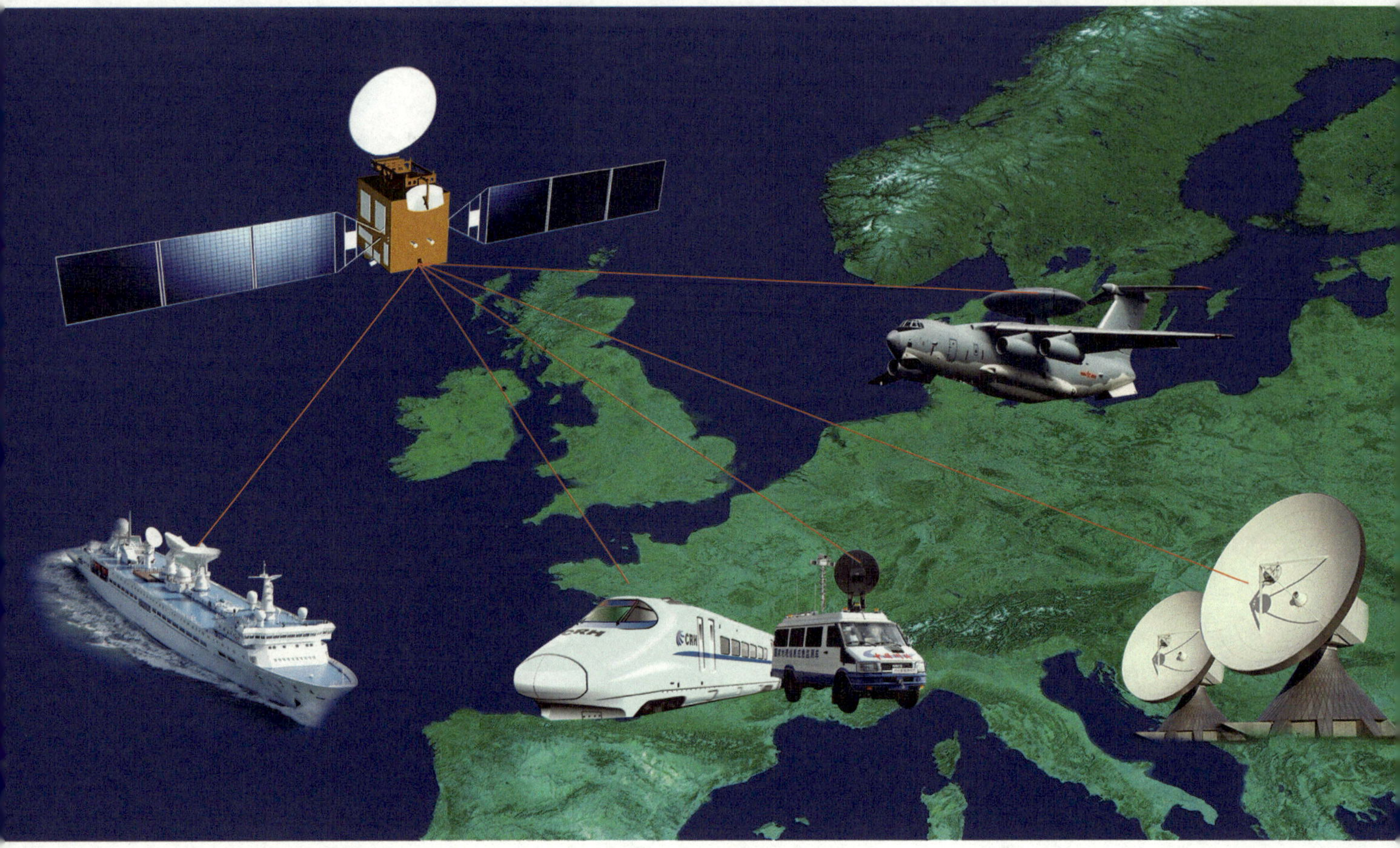

北斗卫导航星示意图

建立北斗卫星导航系统

1994 年 1 月，国家批准研制导航卫星，建设北斗卫星导航系统。早在 1983 年，航天测控专家陈芳允院士提出充分发挥地球同步轨道卫星的作用，建立用两颗卫星构成自己的双星导航定位系统。1989 年 9 月进行第一次演示，表明利用双星可实现定位、定时、简短通信三大功能，并具有较高的精度。

最初的北斗试验导航系统，是我国独立研制的第一代区域性有源双向卫星导航定位通信系统。它由 2 颗经度相距 60 度的地球静止卫星（分别定点于东经 80 度和 140 度）对用户双向测距，由一个配有电子高程图的地面中心站定位，另外有几十个分布于全国的参考标校站和大量用户机。这样可以在任何时间、任何地点，为用户确定所在的地理经纬度，全天候、全天时提供卫星导航信息服务。

第一颗北斗一号导航试验卫星发射

2000 年 10 月 31 日，在西昌卫星发射中心用长征三号甲运载火箭成功发射第一颗北斗一号导航试验卫星。北斗一号导航试验卫星采用东方红三号卫星公用平台和三轴稳定技术，在地球静止轨道上运行，设计寿命 8 年。2000 年 12 月 21 日，成功发射第二颗北斗一号导航试验卫星，与第一颗北斗一号导航试验卫星组成第一个区域性导航定位系统。它的范围包括中国大陆及其东南海域的所有地域，为我国公路铁路运输和海上作业等提供了大量导航服务。2003 年 5 月 25 日和 2007 年 2 月 3 日，成功发射第三颗、第四颗北斗一号导航试验卫星，作为北斗一号导航系统的备份星和补位星，从而提高了整个系统运行的可靠性和使用性能。第一个区域性导航定位系统建立后，在轨运行稳定正常，在国民经济许多领域发挥作用。北斗导航卫星总设计师范本尧指出："北斗卫星导航系统是世界上第一个建成的区域性卫星导航系统。与全球性的系统相比，它能够在很短的时间内，用较少的经费建成并集中服务于核心区域，是十分符合我国国情的一个卫星导航系统。"

我国从 2004 年 9 月开始，实施第二代覆盖全球的北斗卫星导航系统计划。2007 年 4 月 14 日，第一颗北斗导航卫星送入预定轨道，16 日顺利进入工作轨道，并开通导航信号。这标志着我国自行研制的北斗卫星导航系统进入新的发展建设阶段。

北斗导航卫星吊装

2009 年 4 月 15 日，第二颗北斗导航卫星升空，进入太平洋上空近地点 200 千米、远地点 36000 千米、倾角 20.5 度的轨道，发射获得成功。4 月 20 日，卫星成功定点于预定静止轨道。2010 年 1 月 17 日、6 月 2 日、8 月 1 日、11 月 1 日、12 月 18 日，这一年之内发射的 5 颗北斗导航卫星均获成功，并顺利进入预定地球同步轨道运行。这 5 次发射的静止轨道和倾斜地球同步轨道卫星有效载荷开通，工作正常，为北斗卫星导航系统组网建设迈出了重要一步。2011 年先后成功发射第八、九、十 3 颗北斗导航卫星。2012 年 2 月 25 日，成功发射第十一颗北斗导航卫星；4 月 30 日和 9 月 19 日两次成功发射 4 颗北斗导航卫星；10 月 25 日，第十六颗北斗导航卫星发射成功，从而实现了 16 颗卫星的组网，标志着我国北斗区域卫星导航系统正式建成，完全具备了稳定、连续覆盖亚太地区的服务能力；12 月 27 日，北斗卫星导航系统正式向亚太大部分地区提供连续无源定位、导航、授时和短报文通信服务。12 月 28 日，中共中央、国务院、中央军委在发出的贺电中指出：“北斗二号导航卫星系统研制建设，凝聚了广大工程技术人员的聪明才智，体现了自主创新、团结协作、攻坚克难、追求卓越的北斗精神。”从 2007 年 4 月 14 日到 2012 年 10 月 25 日，先后发射了 16 颗北斗导航卫星，其中包括 7 颗地球静止轨道卫星、5 颗倾斜轨道卫星和 4 颗中地球轨道卫星，组成了覆盖亚太地区的北斗二号区域卫星导航系统，具备了连续稳定的区域定位、导航和短报文通信服务能力。从 2015 年 3 月 30 日到 2018 年 11 月 19 日成功发射 27 颗新一代北斗导航卫星，其中包括北斗三号导航卫星 19 颗，北斗三号基本系统星座部署完成，这是北斗卫星导航系统从区域走向全球的关键一步，开通运行后即可向“一带一路”国家和地区提供基本导航服务。在此过程中，孕育出了“自主创新、开放融合、万众一心、追求卓越”的新时代北斗精神。

2020 年 6 月 23 日，最后一颗北斗三号导航卫星发射成功，标志着由 24 颗地球中圆轨道卫星、3 颗倾斜地球同步轨道卫星和 3 颗地球静止轨道卫星组成的北斗三号全球卫星导航系统星座部署全面完成。北斗全球卫星导航系统空间段包括 30 颗导航卫星，地面段由主控站、注入站和监测站等若干地面站组成，用户由北斗用户终端和与 GPS、格洛纳斯、伽利略等卫星导航系统兼容的终端组成。这个系统提供开放服务和授权服务两种方式，前者是向全球免费提供定位、测速和授时服务，定位精度 10 米，测速精度 0.2 米 / 秒，授时精度 10 纳米；后者是为有高精度、高可靠性卫星导航需求的用户授权提供更好的定位、测速、授时和通信服务。

2020 年 7 月 31 日，习近平总书记宣布北斗三号全球卫星导航系统建成开通，标志着“三步走”战略的圆满完成，这标志着北斗卫星导航系统正式从系统建设期进入运营应用期，面向全球用户提供全天候、全天时、高精度的定位、导航和授时服务。

北斗导航卫星发射成功

北斗卫星导航系统与美国 GPS 系统、俄罗斯格洛纳斯系统的最大不同之处是，它不仅能使用户知道自己的所在位置，还可以告诉别人自己所处的位置。因此，该系统特别适用于需要导航与移动数据通信相结合的用户，如交通运输、调度指挥、搜索营救和地理信息查询等。2008 年 5 月 12 日，我国四川汶川发生里氏 8 级特大地震，道路中断，通信中断。北斗导航卫星在第一时间发出急救信号，有 1000 台北斗用户终端机被紧急从北京调拨给抗震救灾一线的救援部队。2010 年 4 月 14 日，青海玉树发生 7.1 级地震，北斗导航卫星及时传出信息，最大限度保证 72 小时黄金抢救时间的有效利用，在抢险救援中发挥了重要作用。

北斗导航卫星测试

北斗卫星导航系统工程总设计师孙家栋表示：“北斗卫星导航系统将为我国信息产业带来全新的发展亮点，我国要在积极实施卫星组网工作的同时，努力开展地面应用设备的开发，促进我国自主卫星导航系统的应用和发展。”我国在 2020 年建成的由 30 余颗北斗三号卫星覆盖全球的北斗卫星导航系统，已经开通为用户提供连续、稳定的导航、授时和短报文通信服务。

高分辨率对地观测卫星

高分卫星

2010年5月，我国正式启动高分辨率对地观测系统专项工程，2012年“高分”工程进入全面建设阶段。

2013年4月26日，第一颗高分辨率对地观测卫星高分一号用长征二号丁运载火箭成功发射，并顺利进入预定轨道。经过半年试运行，12月30日正式投入使用。在试运行期间，共提供分辨率2米/8米影像24.8万景，分辨率16米影像7.6万景，卫星图像清晰，质量高，应用前景好。

高分一号采用CAST2000小卫星平台，装有2台全色分辨率2米、多光谱分辨率8米的高分相机，4台分辨率16米多光谱的宽幅相机，其数据传输采用X频段点波束高速数传系统。卫星质量1060千克，采用太阳同步轨道，平均轨道高度644千米，回归周期4天，设计寿命5～8年。它在国土资源调查与动态监测、环境与灾害监测、气候变化监测、精准农业信息服务等方面发挥了重要作用。

2014年8月19日，第二颗高分辨率光学遥感卫星高分二号用长征四号乙运载火箭发射成功。卫星质量2100千克，具有高辐射精度、高定位精度和快速姿态机动能力。高分二号投入使用以来，提供了分辨率0.8米全色、分辨率3.2米多光谱、分辨率0.8米全色和分辨率3.2米多光谱融合三类影像图，图像纹理清晰、层次分明、信息丰富，广泛应用于国土资源监测、矿产资源开发、城市精细化管理、交通设施监测、林业资源调查、灾区恢复重建等领域，为云南鲁甸地震等自然灾害以及北京APEC会议等重大事件提供了有效服务。

2015年6月26日、9月14日和12月29日，我国先后成功发射高分八号、高分九号和高分四号3颗卫星。其中高分四号是我国第一颗地球静止轨道高分辨率对地观测卫星，其地球静止轨道分辨率为50米，设计寿命8年，可弥补低轨道遥感卫星空间分辨率高但观测视野窄、采访周期长的不足，能对中国及周边地区快速巡查、“直播”地面上的情况变化。2016年2月3日公布高分四号卫星获取的首批影像图，影像清晰，层次分明，信息丰富，反映了不同地貌影像特点及生态环境监测、森林火灾监测等情况，其中还特别包括北京雾霾前后对比图。

长征四号乙运载火箭成功发射高分二号卫星

2016 年 8 月 10 日，我国成功发射高分三号高分辨率对地观测卫星。高分三号是一颗具有 1 米分辨率，全天时、全天候对地观测能力的雷达遥感卫星。2018 年 3 月 31 日，我国成功发射的高分一号 02、03、04 星是我国首个民用高分辨率光学业务星座，具有高质量、高效能成像优势，可实现 3 星 15 天全球覆盖、2 天重访，长期连续、稳定、快速地获取全球 2 米全色、8 米多光谱影像。2018 年 5 月 9 日、6 月 2 日和 7 月 31 日，我国相继成功发射高分五号、高分六号、高分十一号 3 颗卫星。高分五号是我国第一颗高光谱综合观测卫星，星上的大气环境红外甚高光谱分辨率探测仪具有光谱分辨率高、太阳跟踪精度高、光谱定标精度高的技术特点；全波段光谱成像仪具有波段范围宽、空间分辨率高、辐射定标精度高的技术特点。高分六号是一颗低轨光学遥感卫星，具有高分辨率和宽覆盖面相结合的特点，高分六号卫星与在轨的高分一号卫星组网运行，大幅提高了对农业、林业、草原等资源监测能力，为农业农村发展、生态文明建设等重大需求提供了遥感数据支撑。高分十一号是高分辨率对地观测系统国家科技重大专项安排的光学遥感卫星，地面像元分辨率最高可达亚米级，主要应用于国土普查、城市规划、土地确权、路网设计、农作物估产和防灾减灾等领域，为国家重大计划的实施提供信息保障。

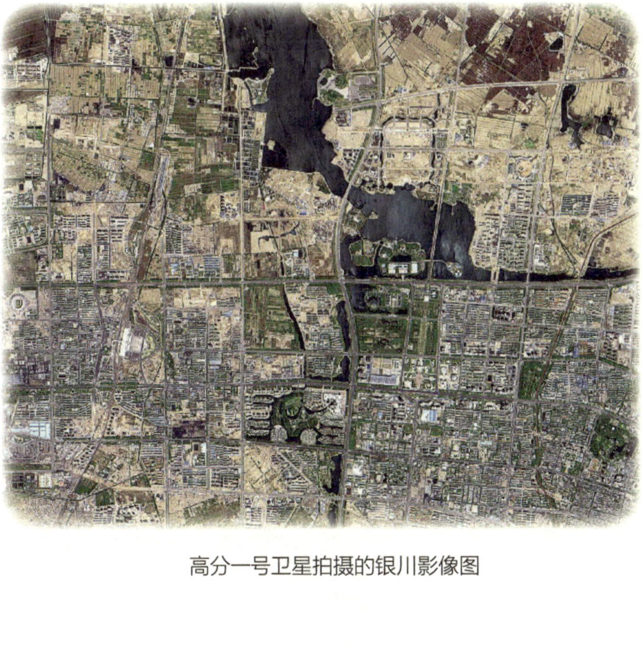
高分一号卫星拍摄的银川影像图

从 2019 年 10 月 5 日到 2022 年 12 月 27 日，又先后成功发射高分十号、高分七号、高分十二号、高分九号 02 星、高分九号 03 星、高分九号 04 星、高分十一号 02 星、高分十三号、高分十四号、高分十三号 02 星、高分十一号 03 星、高分三号 02 星、高分三号 03 星、高分十一号 04 星、高分十二号 03 星等 15 颗高分专项对地观测卫星。我国将建成的高空间分辨率、高时间分辨率、高光谱分辨率的对地观测系统，在国土资源勘测、环境保护、城市规划、地图测绘、水利交通、农林建设、地震监测、天气预报、卫生及防疫监测、公共安全、防灾减灾等领域发挥重要作用。

远望号测量船

航天测控网的完善发展

我国自 20 世纪 70 年代开始组建卫星测控基地，逐步建立起以西安卫星测控中心、远洋测量船、陆地测控站为核心的航天测控网，承担我国航天器跟踪、测量、控制、管理和回收的任务。

我国国土东西跨度和南北跨度均为 5000 多千米，要想全程跟踪上万千米以上的航天器，用地面雷达显然是不够的，尤其是在对远地点的航天器进行控制时，航天器往往处在地球的另一面，这就需要建立国土以外的测控站。于是，航天远洋测量船就应运而生了。航天远洋测量船可以到达南北纬 60 度的所有海域，是陆地站测控不足的重要补充手段。我国先后建造了 6 艘远望号测量船，通常选 3 ～ 4 艘在太平洋、大西洋、印度洋三大洋上部署，可以保证弧度占运行段实际总覆盖率的 75%，许多关键性的测控任务都可在船上完成，而且它们在三大洋上按各自分工可完成对航天器不同圈次、不同轨道段的测控任务。

卫星地面测检站

1996 年我国组建了北京航天指挥控制中心，突破了载人航天透明控制、高精度轨道确定、飞控计划自动生成、返回控制和着陆预报、高速数据处理和可视化监视显示等一系列关键技术，形成了一个功能丰富、反应快捷、运算精确、可靠性高的现代化飞行控制系统。这个中心建立以来，圆满完成了人造卫星、载人飞船和月球探测器试验飞行的监控显示和指挥保障任务。

北京航天指挥控制中心

北京航天指挥控制中心集指挥通信、信息处理、监控显示、飞行控制系统于一体。而且，我国航天测控网还新建了符合国际标准的 S 频段统一测控系统，开发了“中心遥控”透明工作模式，设立了测控网网络中心，大大提高了测控网的运行效能和多任务测控能力。它具备了为高、中、低不同轨道、不同频段、不同种类的国内外航天器提供测控与管理支持服务的能力，完全可以满足我国中低轨道卫星、载人飞船以及同步卫星早期轨道支持、同步卫星定点管理等多种航天器的测控需求，可同时为 20 颗以上卫星和飞船提供测控支持服务。

我国建立起来的航天测控网，在航天器实时轨道计算方面能实现卫星定轨、飞船飞行定点的测量数据预处理、误差修正等，实时轨道计算精度达到世界先进水平。

在航天器的控制方面，能实现在瞬间完成遥控指令的一系列工作，并能准确地把指令发送到航天器。

在航天器的返回测控技术方面，能掌握升力再入返回控制及预报技术，适应我国测控网布局和着陆场位置的返回控制要求。

在航天器的测控计划生成方面，有一套计划生成规则和事件匹配检索方法，能实现飞行控制计划的自动生成和软件的自动调度运行。

在航天器的监视显示方面，能将虚拟现实技术、多媒体技术与航天测控技术有机结合起来，建立了实时测控数据驱动的三维动画显示系统、地理信息系统和实时测控视景仿真系统。

我国航天测控网建立以来，不断完善和发展，使测控技术实现了飞向太空、返回地面、同步定点、一网多星、国际兼容、飞船回收、深空测控的七大历史跨越的运用，包括对发射第一颗卫星的测控支持，对第一颗返回式卫星回收的精确跟踪、测量和控制，对第一颗地球同步轨道通信卫星的精确测控和定点，以及第一艘载人飞船、第一颗月球探测卫星、第一个火星探测器入轨运行进行精确的测控支持，即可为在万里航区至 38 万千米高度内的火箭、近地轨道、太阳同步轨道、地球同步轨道卫星以及载人飞船、月球探测卫星等航天器提供高精度测控支持服务。

环境一号A、B星发射

现代小卫星的最新进展

1995年，中国空间技术研究院提出现代小卫星总体技术课题。现代小卫星的特点是体积小、重量轻、发射方式灵活、功能密度大、成本低、研制周期短，既可以搭载在大卫星上发射，也可以一箭多星发射。中国空间技术研究院下属中国东方红卫星股份有限公司是研发生产小卫星的主力军，已经取得连续成功发射上百颗小卫星的成绩。我国实现了小卫星从单一型号向多型号并举，从以技术试验为主到全面服务于国防和国民经济建设的转变。至今已开发形成CAST968、CAST2000和CAST3000等小卫星公用平台，实现了小卫星整星出口零的突破，形成了每年研发生产几十颗小卫星的能力。

CAST968平台采用基于网络的集成化星务管理、多模式姿态控制、高品质电源、S频段统一测控体制等先进的设计思想，使平台具备较广的适应性和很强的扩展能力。实践五号科学试验卫星是我国第一颗采用CAST968公用平台的小卫星，卫星尺寸为1.10米×1.20米×1.04米，质量为298千克。由马兴瑞担任总设计师的团队仅用不到两年的时间就完成了工程研制。1999年5月10日，实践五号卫星在太原卫星发射中心搭载发射升空，被送入870千米的太阳同步轨道。在轨运行3个月，共获得12000多幅清晰的图像，进行了30多种空间环境下的科学实验，获得微重力流体力学领域的重大成果；进行了S波段数传发射机和大容量固态存储器试验，数据与传输图像达到满意效果；卫星对大部分发生在南大西洋异常区的情况进行了记录，印证了外国同类试验的观察结果。

2002年5月15日发射成功的海洋一号A星、2003年12月30日和2004年7月25日发射成功的探测一号和探测二号卫星、2004年9月9日发射成功的实践六号科学试验卫星等，都采用了CAST968小卫星公用平台，实现了现代小卫星系列化、模块化、通用化的发展。

CAST2000小卫星公用平台具有高精度控制能力、大范围侧摆机动能力、灵活的轨道机动能力，以及高度集成的星务管理能力、高效电源能力，为具有高分辨率、高功率、快速姿态机动与轨道机动需求的载荷提供了一个具备高度扩展能力的柔性小卫星平台。2000年开始研制试验卫星一号，2004年4月18日发射成功，经过3个月的在轨考核，验证了CAST2000平台高精度控制技术、集成化星务管理技术、高效电源技术、多功能结构技术等新技术，拓宽了小卫星的应用平台，形成了一个实用且具有较高技术水平的新的小卫星平台。

2008年9月6日，采用CAST2000小卫星公用平台的2颗环境与灾害监测预报小卫星（环境一号A、B星）发射成功，担负对自然灾害、生态破坏、环境污染进行大范围、全天候、全天时的动态监测任务。2009年3月30日，这2颗环境小卫星正式交付使用，初步形成了环境和灾害监报星座雏形。2015年，采用CAST-3000平台的首颗小卫星高分九号发射成功。

此外，中国科学院和高校研制了一些100千克以下的微小卫星。2003年10月21日搭载升空通信小卫星的创新一号01星，质量不到100千克，设计寿命2年。2004年4月18日搭载发射成功的纳星一号，体积只有0.04立方米，质量小于25千克，用于微小卫星轨道保持与变轨试验、对地成像试验以及数据传输、遥感摄影等试验。2007年5月25日搭载升空的皮星一号，质量只有2.5千克，用于皮卫星平台验证和微电子机械系统的技术验证。2009年12月15日搭载的希望一号科普卫星，质量为60千克，载有景山学校学生设计的“天圆地方”五色土实验设备。这颗卫星主要是建立无线电空间电台，为中国和全球的青少年业余无线电爱好者提供信标、语音和数据转发等空间通信试验服务。2004年启动的CAST-Mini应用型微小卫星平台的研制，平台采用创新设计和机电热一体化技术，利用星上网络进行整星管理与控制，为单星、卫星星座、卫星编队飞行任务奠定了坚实基础。

环境监测卫星在技术厂房

我国已建成小卫星研制基地，开发了系列化的小卫星公用平台，每年设计生产一定数量小卫星和微小卫星，标志着中国小卫星研制进入新的发展阶段。

长征火箭迈向新的高度

我国独立研制的长征系列运载火箭，从无到有，从小到大，走过了从串联到并联、从常温推进剂到高能低温推进剂、从一箭单星到一箭多星、从发射人造卫星到发射载人飞船和月球探测器、火星探测器的技术跨越历程，并开始研制发射固体燃料运载火箭，具备了发射近地轨道、太阳同步轨道和地球同步转移轨道不同质量载荷的运载能力，并进入国际商业发射市场。

截至 2022 年 12 月，参与发射的长征系列运载火箭有 19 种，创造了 458 次发射记录。

第一代长征系列运载火箭中，长征一号发射2次，长征二号发射4次，长征二号丙改进型发射9次，长征二号E发射8次，长征三号发射13次，长征四号甲发射2次。

长征二号系列中的长征二号丙运载火箭至2022年10月，共发射55次。长征二号丙运载火箭的近地轨道运载能力达2.5吨，除主要继续用于发射新一代返回式卫星，还成功地将试验卫星、海洋卫星、遥感卫星、实践卫星等系列卫星送入轨道。2008年9月6日发射的长征二号丙/SMA运载火箭，成功地将环境一号卫星星座送入预定轨道。长征二号丁运载火箭从1992年到2022年12月，共发射72次，成功率为100%，近地轨道运载能力达到3.3吨，太阳同步轨道运载能力达到1.5吨。它除主要用于发射返回式卫星外，还成功地发射了实践卫星、遥感卫星、试验卫星、墨子号量子科学实验卫星和脉冲星试验卫星等。

长征二号丙运载火箭

长征三号甲系列中形成了常用的长征三号甲、乙、丙高轨道、大推力运载火箭系列。这个系列的三种运载火箭地球同步转移轨道运载能力分别达到2.6吨、5.1吨和3.8吨，主要用于发射大质量静止轨道的通信卫星、气象卫星和导航卫星，还用于发射嫦娥月球探测器。长征三号甲火箭从1994年2月至2018年7月共发射27次，成功率为100%。长征三号乙火箭从1996年2月至2022年12月共发射87次，两次发射失败，其余均获成功。长征三号丙火箭的起飞质量约343吨，总长54.84米，助推器直径2.25米，一、二级直径3.35米，三级直径3米，有效载荷整流罩长9.56米。它是一种捆绑两个助推器的三级液体运载火箭，1994年开始研制，2001年具备投入使用条件，从2008年4月至2021年7月已发射18次，均获得成功。

长征三号甲运载火箭

长征三号乙运载火箭

长征三号丙运载火箭

长征四号乙运载火箭

长征四号系列运载火箭从1988年9月至2022年12月共发射107次，主要用于发射太阳同步轨道气象卫星、资源卫星和遥感卫星。其中长征四号乙火箭发射55次，长征四号丙火箭发射52次，它们的太阳同步轨道运载能力达到1.6～2.8吨。长征四号丙火箭从1999年开始研制，起飞质量249吨，全长47.97米，起飞推力2961千牛，800千米太阳同步轨道运载能力由长征四号乙火箭的1.9吨提高到2.8吨。长征四号丙火箭首次采用常规三级推进系统二次启动技术和一体化测试发射控制技术，可替代部分低温上面级火箭发射，扩大了应用范围，除提高较高轨道的卫星发射能力外，还提高了一箭多星发射能力，为星座发展提供了良好的运载工具。

新一代长征系列运载火箭

2000 年，我国提出了研制新一代无毒、无污染、高性能、低成本和大推力运载火箭的任务。这种新型运载火箭贯彻“通用化、组合化、系列化”的设计思想，以新研制 500 千牛的液氢液氧发动机和 1200 千牛的液氧煤油发动机为基础，用标准化模块建成型谱化系列。首先完成直径为 5 米的大型火箭，采用 5 米、3.35 米和 2.25 米三种模块组合，大幅度提升运载火箭的运载能力和技术水平。然后，在此基础上，衍生出 3.35 米直径的中小型运载火箭。新一代运载火箭形成近地轨道运载能力覆盖 10 ～ 25 吨、地球同步转移轨道运载能力覆盖 6 ～ 14 吨的系列运载火箭。

2022 年前已经发射成功长征五号、六号、七号、八号无毒、无污染液体火箭，此外还成功发射长征十一号固体运载火箭，这些构成了我国运载能力大、中、小布局合理的新一代长征运载火箭型谱。

长征五号运载火箭

长征六号运载火箭

长征七号运载火箭

长征八号运载火箭

长征五号运载火箭

长征五号运载火箭

2016年11月3日，我国新一代大型运载火箭长征五号在新建成的文昌航天发射场升空，首飞获得圆满成功。长征五号运载火箭全长57米，起飞质量870吨，起飞推力为10500千牛。芯级采用直径5米模块，两台510千牛推力为YF-77氢氧发动机双向摆动；4枚助推器采用直径3.35米模块，每个助推器配置2台1200千牛推力的YF-100液氧煤油发动机。它的活动发射平台高约近70米，台体的上表面面积达600多平方米，整个平台自重近2000吨。长征五号突破了247项核心关键新技术，使用的零部件达到十几万个，设计可靠性达到0.98。长征五号是我国研制的直径最大、运载能力最大、推力最大、可靠性最强的运载火箭。长征五号采用的新技术比例接近100%，核心技术全部实现国产化，是真正的“中国制造”。

2017年7月2日，长征五号运载火箭发射实践十八号卫星失败。2019年12月27日，长征五号运载火箭第三次发射获得成功。特别是2020年7月23日发射天问一号火星探测器、2020年11月24日发射嫦娥五号月球探测器，均获得成功。

2020年5月5日，经改进的长征五号B大推力运载火箭，首次发射新一代载人飞船试验船取得成功。长征五号B运载火箭芯级直径5米，但身高矮了约3米，约为53.7米，体重轻了约20吨，为849吨，这主要是少了一个芯二级和一个级间段，只有一个芯级捆绑4个直径3.35米的助推器，组成一级半结构的火箭。2021年4月29日，长征五号B运载火箭发射空间站的天和核心舱获得成功。

长征五号和长征五号B运载火箭大幅度提高了我国进入空间的能力，能够执行不同地球轨道大吨位卫星、空间站舱段、月球探测器、火星探测器的发射任务。

长征六号运载火箭

2015 年 9 月 20 日，我国新一代运载火箭家族中的小型火箭长征六号在太原卫星发射中心点火发射，将 20 颗小卫星送入太空，创造了我国一箭多星发射的新纪录。长征六号是新一代火箭中首先投入使用的。火箭全长 29.3 米，第一级直径为 3.35 米，采用 YF-100 补燃循环液氧煤油发动机，第二、三级直径 2.25 米，分别采用液氧煤油发动机和一台常规推进剂发动机，火箭起飞推力 1200 千牛，可将 1 吨重的有效载荷发射到 700 千米高的太阳同步轨道。长征六号具有无毒、无污染、可靠性高、适应性强、发射时间短等特点，主要用于满足微小卫星发射需求。2017 年 11 月 21 日，长征六号运载火箭再次发射，以“一箭三星”的方式将吉林一号 3 颗卫星准确送入预定轨道，首次完成商业发射任务。2019 年至 2022 年，长征六号（包括长征六号改）运载火箭又有 10 次发射，均获成功。

长征六号运载火箭

长征七号运载火箭

2016 年 6 月 25 日，我国新一代火箭家族中的中型火箭长征七号首飞成功。火箭是二级结构，四周捆绑 4 个助推器，箭长 53.1 米，起飞质量 595 吨，起飞推力 735 吨。芯一级直径 3.35 米，安装 2 台液氧煤油发动机；芯二级直径 3.35 米，安装 4 台液氧煤油发动机；助推器直径 2.25 米，安装 1 台液氧煤油发动机。其有效载荷的最大运载能力为 13.5 吨。2017 年 4 月 20 日发射成功的天舟一号货运飞船，开始承担空间站的建设任务。2021 年 5 月 29 日、9 月 20 日和 2022 年 5 月 10 日、11 月 12 日又先后发射天舟二号、天舟三号、天舟四号、天舟五号货运飞船获得成功。

长征七号运载火箭

长征七号A运载火箭

2020 年 3 月 16 日，在长征七号运载火箭基础上稍加改进的长征七号 A 运载火箭首飞失败。长征七号 A 运载火箭比长征七号运载火箭长 7 米，继承了长征七号和长征三号甲系列火箭成熟的模块，增加了一个芯三级模块，使其地球同步转移轨道运载能力达到 7 吨。2021 年 3 月 12 日、12 月 23 日，长征七号 A 运载火箭连续两次从文昌航天发射场发射获得成功。

长征八号运载火箭发射

长征八号运载火箭

2020 年 12 月 22 日，新一代中型运载火箭长征八号首飞成功。长征八号运载火箭采用两级捆绑、2 枚助推器构型，芯一级直径 3.35 米，与长征七号运载火箭芯一级基本一致，二子级直径 3 米，与长征三号甲运载火箭三级基本一致，助推器直径 2.25 米，整流罩直径 4.2 米。火箭总长 50.3 米，起飞质量约 356 吨，起飞推力 480 吨，700 千米太阳同步轨道运载能力达 4.5 吨，地球同步转场轨道运载能力达 2.8 吨。2022 年 2 月 27 日，长征八号运载火箭第二次发射成功，飞行试验搭载了 22 颗卫星，创中国一箭多星最高纪录。

长征八号运载火箭

长征十一号固体运载火箭

长征十一号固体运载火箭

2015年9月25日，我国长征系列火箭家族中第一种固体运载火箭长征十一号首次在酒泉卫星发射中心发射成功。长征十一号是四级固体火箭，全长20.8米，质量58吨，起飞推力120吨，700千米太阳同步轨道运载能力350千克。近地轨道运载能力700千克，它可满足不同任务载荷，不同轨道的多样化发射需求，有力地促进了小卫星规模化发展。长征十一号固体运载火箭突破了大型固体发动机快速测试发射、卫星环境综合保障等关键技术，具有全天候、数小时内完成发射的能力。

从2015年9月到2022年12月，长征十一号固体运载火箭共发射14次，包括4次海上发射，全部发射成功。

长征十一号固体运载火箭海上发射

快舟号固体运载火箭发射

捷龙号固体运载火箭

开拓号固体运载火箭在技术厂房

此外，自2013年以来，还有快舟号、开拓号、捷龙号等几种小型固体运载火箭多次发射小型卫星成功。我国运载火箭取得了新的全面发展。

2016年10月17日，神舟十一号载人飞船在酒泉卫星发射中心发射升空，执行第六次载人飞行任务

2011年11月3日，神舟八号飞船与天宫一号目标飞行器在距地面343千米的轨道上首次对接获得成功，形成组合体，组合体飞行12天左右后，进行了第2次交会对接试验

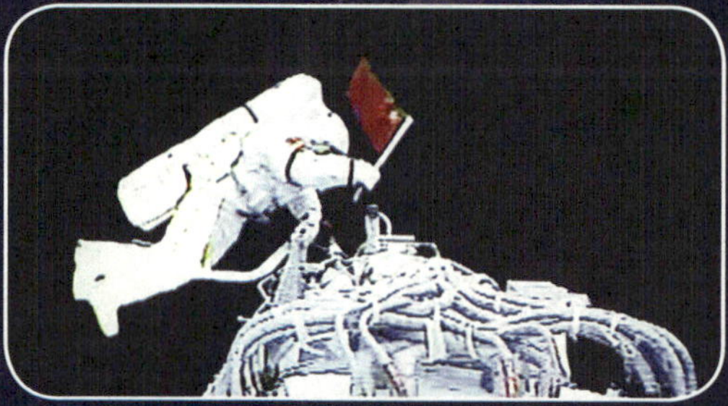

2008年9月25日，神舟七号载人飞船发射升空，进入预定轨道。2008年9月27日，航天员翟志刚进行出舱活动，完成中国人首次太空行走

2003年10月15日，神舟五号载人飞船，在酒泉卫星发射中心发射升空，杨利伟是中国培养的第一代航天员，是中国进入太空的第一人

第六章　辉煌跨越——载人航天

2000 年发布的《中国的航天》白皮书，提出了“实现载人航天飞行，建立初步配套的载人航天工程研制试验体系”的发展目标和任务。载人航天是我国航天事业辉煌跨越阶段取得的一项重大成就。

辉煌跨越阶段第二部分“载人航天”的标志性成果有：1999 年 11 月 20 日，神舟一号试验飞船成功地进入太空飞行。2003 年 10 月 15 日，我国第一艘载人飞船神舟五号把航天员杨利伟送上太空飞行；2008 年 9 月 25 日，神舟七号飞船把 3 名航天员送入轨道，航天员并首次实现太空行走；2011 年 11 月 1 日、2012 年 6 月 16 日和 2013 年 6 月 11 日，我国神舟八号无人飞船和神舟九号、神舟十号载人飞船先后发射成功，在太空实现与天宫一号目标飞行器的无人自动交会对接和载人自动及手控交会对接飞行。2016 年 10 月 17 日，神舟十一号载人飞船发射升空，两名航天员进入在轨飞行的天宫二号空间实验室完成驻留太空 30 天的飞行任务。2017 年 4 月 20 日，第一艘货运飞船天舟一号发射成功，完成了向天宫二号空间实验室补加推进剂的飞行任务。

2021 年 4 月 29 日，我国空间站的天和核心舱发射成功。2021 年 5 月 29 日和 9 月 20 日，天舟二号和天舟三号货运飞船两次实现向空间站运货飞行；2021 年 6 月 17 日和 10 月 16 日，神舟十二号和神舟十三号飞船，两个航天员乘组进入空间站长期驻留工作，揭开了建设中国空间站的帷幕。

2022 年 7 月 24 日和 10 月 31 日，空间站问天、梦天两个实验舱发射上天，与在轨的天和核心舱交会对接，组成 T 字型组合体。从 2021 年 4 月到 2022 年 11 月，在 19 个月内，实现航天器 11 次发射，2 次飞船返回，7 次航天员出舱，12 名航天员持续在轨工作，如期完成空间站 T 字基本构型组装完成，标志着载人航天的第三步建设空间站的目标完成，实现了载人空间站的应用发展。

载人航天工程正式启动

根据 1986 年 3 月 5 日邓小平同志对王淦昌、陈芳允、杨嘉墀、王大珩 4 位科学家写给中共中央《关于跟踪世界战略性高技术发展的建议》的批示，诞生了著名的“863”计划。这项关于高科技发展的“863”计划，对中国载人航天工程起了催化剂的作用。

1992 年 1 月 8 日，中央专委召开会议，听取“863”计划航天技术领域专家委员会关于发展我国载人航天的意见，决定对载人飞船工程进行技术经济可行性论证。8 月 1 日，中央专委会议讨论了发展我国载人航天工程的问题。会议认为，发展我国的载人航天事业，对增强综合国力，促进科技进步，培养科技队伍，提高国家威望，增强民族自豪感和凝聚力，都有着十分重要的意义。

这次中央专委会议还提出了我国载人航天工程分三步实施的方案。

第一步，发展无人和载人飞船，建成初步配套的试验性载人飞船工程，开展空间应用实验；第二步，在第一艘载人飞船发射成功后，突破载人飞船和空间飞行器的交会对接技术，并利用载人飞船技术改装，发射一个空间实验室，解决有一定规模的、短期有人照料的空间应用问题；第三步，建造空间站，解决有较大规模的、长期有人照料的空间应用问题。

1992 年 9 月 21 日，中共中央政治局第十三届常委会研究审议中央专委《关于开展我国载人飞船工程研制的请示》，正式批准研制载人航天工程，简称“921”工程。江泽民同志明确指出：“要下决心搞载人航天，这对我国政治、经济、科技等都有重要意义。载人航天是综合国力的标志，要坚持不懈地、锲而不舍地去搞。”

“921”工程由国防科工委（后改为总装备部）负责统一组织实施，设立了工程总指挥和总设计师两条指挥线，任命王永志为总设计师。“921”工程第一步的基本任务确定为四项：一是突破载人航天的基本技术，二是进行空间对地观测、空间科学与技术实验，三是提供初期的天地往返运输器，四是为载人空间站建设积累经验。最终选择以飞船起步的载人太空飞行来实现这四项任务。

“921”工程是一个规模庞大、技术复杂、涉及学科十分广泛的系统工程，工程包括七大系统，除运载火箭系统和飞船系统外，还有如下五个分系统。

航天员系统　宿双宁为总设计师。在北京建成航天员选训中心，从空军飞行员中选拔和训练第一批航天员。在选拔训练和飞行试验过程中，实施对航天员的医学监督和医务保障，研制开发舱内航天服和舱外活动航天服、航天食品等。

空间应用系统　顾逸东为总设计师。研制空间对地观测和空间科学实验的有效载荷，能完成空间观察、遥感、环境监测，开展生命科学与生物技术、材料科学与材料加工、空间天文观测与微重力流体力学等空间实验。

测控通信系统　于志坚为总设计师。建设北京载人航天飞行控制中心和以 S 波段统一测控通信系统为主要设备的陆海基测控通信网，包括 7 个地面测控站和 4 艘远望号测量船，能担负运载火箭和飞船的测控、遥测参数接收、飞船电视图像接收以及航天员通话任务，并对轨道舱留轨运行进行测量管理。

发射场系统　周建平为总设计师。在酒泉卫星发射中心新建载人航天发射场，包括 74 米高的两个测试工位的垂直总装测试厂房、发射塔架、指挥控制中心、加注系统等基础发射设施，能完成飞船和火箭的总装、测试、加注等发射前的技术准备工作和实施载人飞船的发射任务。

着陆场系统　赵军为总设计师。在内蒙古中部四子王旗地区建设主着陆场，在酒泉发射场以东地区建设副着陆场，在陆上和海上设立应急救生区，担负飞船返回舱部分返回轨道的跟踪测量、航天员的营救以及飞船返回舱及有效载荷的回收任务。

这些系统的研制成功，揭开了载人航天飞行的大幕。

运载火箭系统

飞船系统

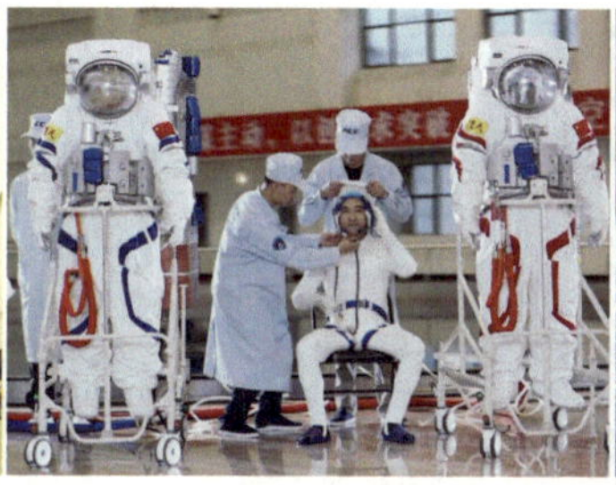
航天员系统

空间应用系统

测控通信系统

发射场系统

着陆场系统

载人航天从飞船起步

载人航天首先要有大推力、高可靠性的运载火箭。中国运载火箭技术研究院王德臣、刘竹生先后担任总设计师，提出在“长二捆”火箭（长征二号E）的基础上，研制长征二号F载人运载火箭。

长征二号F火箭是一种新型捆绑式大推力火箭。火箭全长58.34米，起飞质量479.8吨，整流罩最大直径3.8米，芯级直径3.35米，四个捆绑的助推器直径各为2.25米，能把重8吨的有效载荷送上近地点200千米、远地点350千米、倾角42度的地球轨道。为了适应载人航天的需要，设计人员除了对火箭结构、动力装置、控制系统、遥测系统等进一步改进以提高可靠性外，还专门增加了故障检测处理系统和逃逸救生系统。

火箭的故障检测处理系统包括故障检测处理器、指令控制器、逃逸程序控制器、火工品配电器和电池。故障检测系统的关键部位和重要信号采用“双岗制”，这个系统可以在火箭待发射阶段和上升阶段自动进行故障检测，一旦发现问题即会自动报警。如果此时航天员正在塔架上尚未进舱，便可就近跳进塔架上的逃逸布袋，从上面滑到地下室的安全地区；如果航天员已经进舱，则故障检测系统会指挥火箭顶部的逃逸塔自动点火，把飞船返回舱拽离火箭，确保航天员安全降落到地面。

长征二号F火箭发射

长征二号F火箭在厂房

火箭的逃逸救生系统由逃逸塔、整流罩、栅格翼及其释放装置、支撑机构和灭火装置组成。逃逸救生系统加上飞船的轨道舱和返回舱构成逃逸飞行器，总长 15.1 米，重 11.26 吨，最大直径 3.8 米，逃逸设计可靠性为 0.995。逃逸塔安装在火箭顶部，塔高 8 米，从远处看像是火箭上的避雷针。它的作用是在火箭起飞前 900 秒到起飞后 160 秒的时间内，也就是飞行高度在 0 ～ 110 千米的区域内，万一火箭发生故障，它可以拽着轨道舱和返回舱与火箭分离，并降落在安全地带，帮助飞船上的航天员脱离险境。逃逸救生系统上采用栅格翼，保证救助时飞行器的稳定性，满足航天员的安全要求。火箭整流罩里的灭火装置，还能保证逃逸时飞船的安全。首次研制的火箭逃逸发动机，经过多次技术攻关，实现每台交付合格率 100% 的质量目标。经过第一次零高度逃逸救生飞行试验和飞船的发射回收试验，证明逃逸发动机完全符合设计要求。

此外，火箭控制系统采取了部件的冗余设计，即增加了备份系统，为火箭上了“双保险”，万一主系统出现故障，就可迅速切换到备份系统上，以保证火箭正常工作。火箭的安全性指标达到 0.997，可靠性指标由 0.91 提高到 0.97，都达到了国际载人火箭的先进水平。

长征二号 F 火箭逃逸塔

长征二号 F 火箭吊装

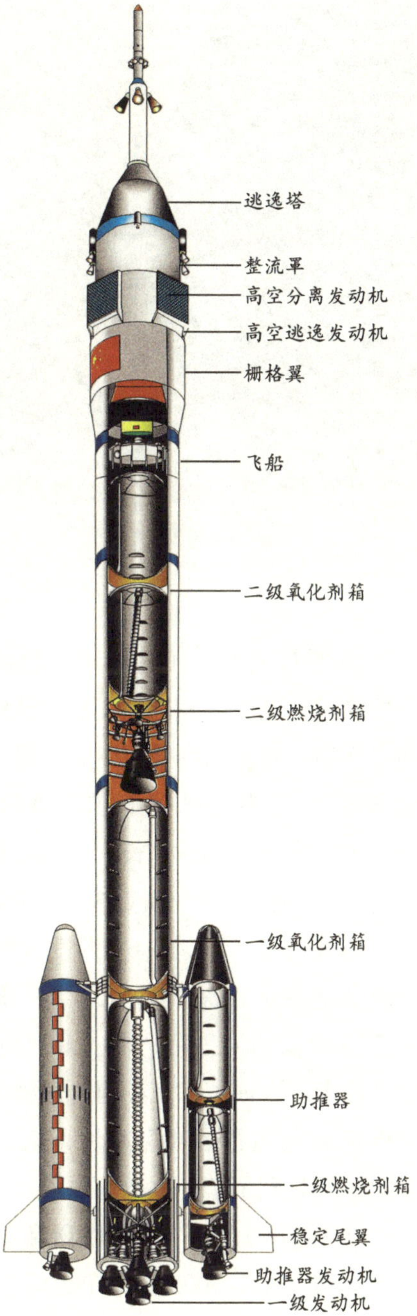

长征二号 F 火箭结构图

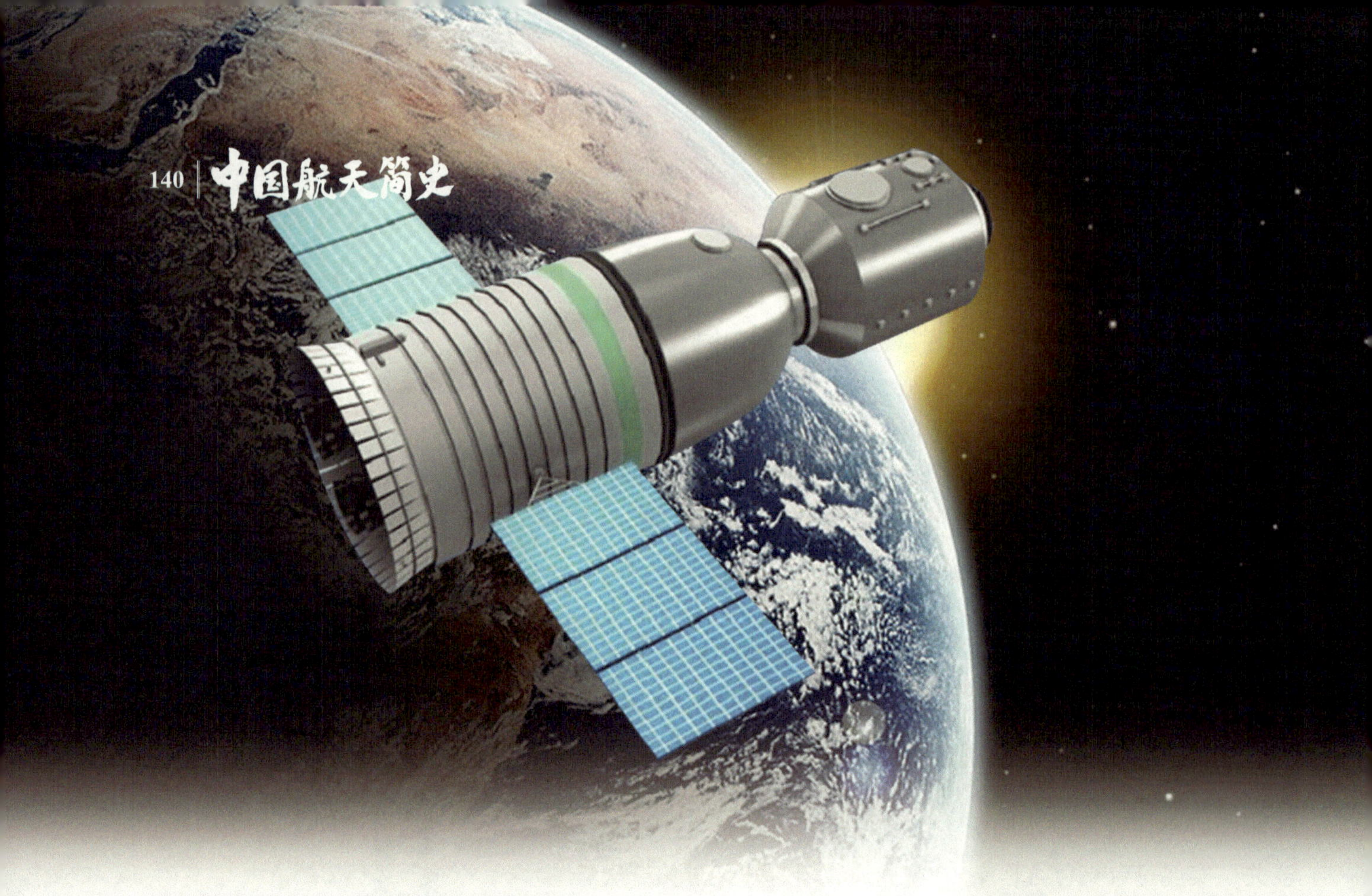

我国载人航天工程从飞船起步，由中国空间技术研究院的戚发轫担任总设计师，负责研制神舟飞船。神舟飞船采用三舱一段、两对太阳电池翼构型、升力控制返回、圆顶降落伞回收方案。神舟飞船为圆柱体，总长 9.2 米，直径 2.5 米，总质量7.8吨，返回舱质量3吨，可载3名航天员。

在酒泉卫星发射中心的载人航天发射场，飞船和运载火箭采取垂直总装、垂直测试、垂直整体运输的“三垂”模式和“远距离测试发射”技术。这项技术在我国航天领域首次使用，对保证载人飞行的高可靠性、高安全性和缩短发射时间起到了十分重要的作用。

全国有 110 多个科研院所和工厂直接承担研制建设任务，3000 多个单位承担协作配套任务，依靠 10 多万科技人员的心血和智慧，只用了 6 年多时间，就完成了整个“921”工程的建设研制工作。

神舟飞船

推进舱，位于飞船后部，呈圆柱体，安装推进系统、电源、气瓶和水箱等，为飞船提供动力，进行姿态控制、变轨和制动，并为航天员提供氧气和水，起保障和服务作用。舱外两侧还装有20多平方米的主太阳能电池板。

附加段，在飞船顶部，用作与其他航天器对接，或作为空间探测的平台。

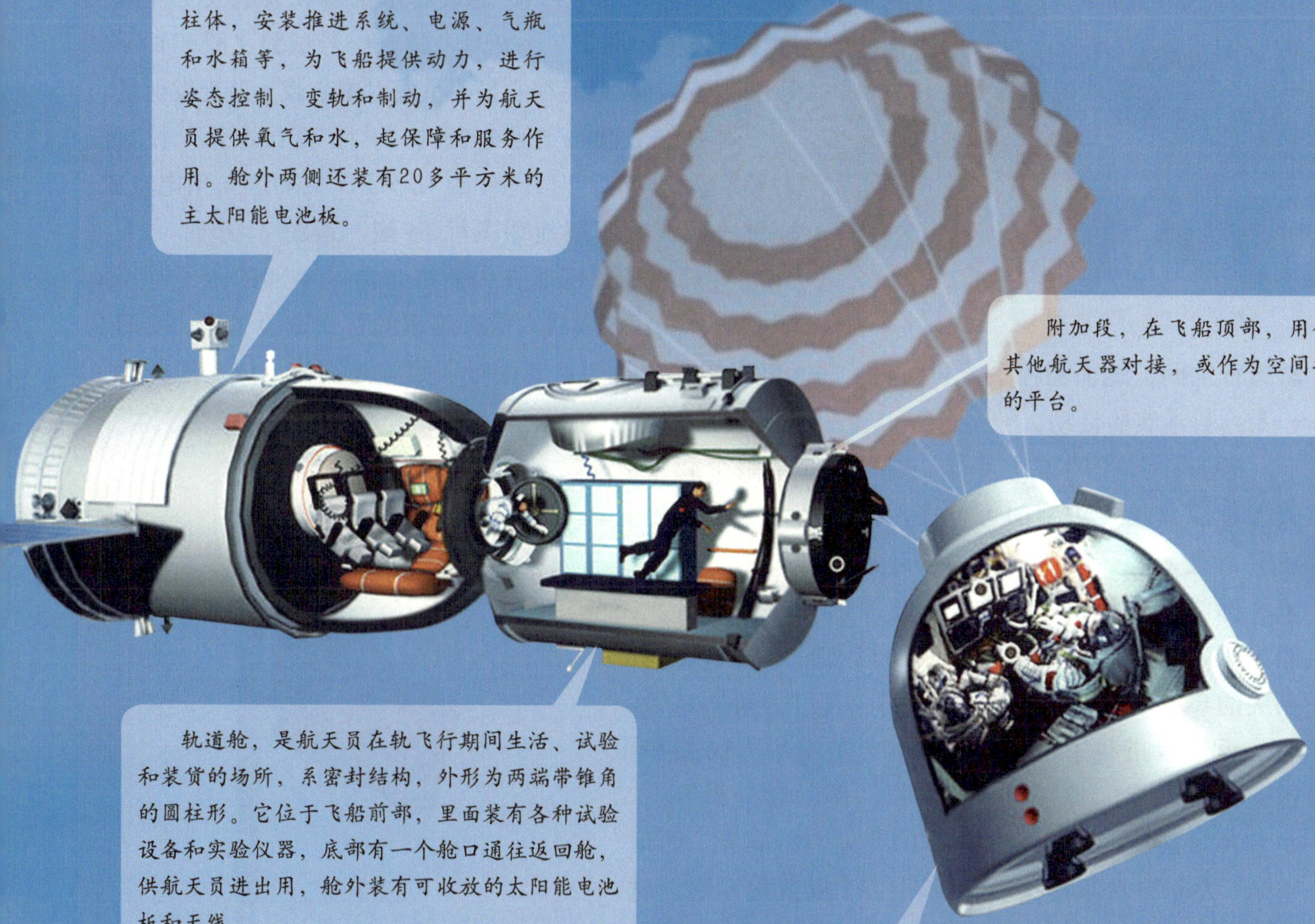

轨道舱，是航天员在轨飞行期间生活、试验和装货的场所，系密封结构，外形为两端带锥角的圆柱形。它位于飞船前部，里面装有各种试验设备和实验仪器，底部有一个舱口通往返回舱，供航天员进出用，舱外装有可收放的太阳能电池板和天线。

返回舱，位于飞船中部，为密封结构，是发射和返回过程中航天员乘坐的场所。它是全船的控制中心，外形为大钝头倒锥体的钟形。舱内可装3名航天员斜躺的座椅，还设有仪表盘、控制手柄、光学瞄准镜以及照明灯和通信设备，且特别设置了环境控制系统，保证舱内充满一个大气压力的氧氮混合气体，温度和湿度调节到适宜人体的范围。

神舟飞船四次试验飞行

1998年11月，长征二号F运载火箭、神舟载人飞船等载人航天工程各个系统建成。江泽民同志先后为飞船和运载火箭题写了“神舟”和“神箭”的船名和箭名。从1999年11月到2002年12月，载人航天工程成功地进行了4次不载人的试验飞行。

神舟一号飞船

神舟一号试验飞船

1999年5月18日，总装备部部署载人航天工程第一次飞行任务。同年7～8月，神舟一号试验飞船和长征二号F运载火箭先后运往酒泉卫星发射中心载人航天发射场。

神舟一号试验飞船1999年11月20日由第一枚长征二号F运载火箭发射升空，约10分后，飞船进入预定轨道。神舟一号在太空绕地球飞行14圈，遨游21小时，11月21日凌晨飞船返回舱在内蒙古自治区中部的四子王旗地区成功着陆，完成载人航天工程的首次试验飞行。飞船在轨运行期间，地面测控系统和公海上的4艘远望号测量船对其进行了跟踪与测控，成功地开展了一系列科学实验活动。

神舟一号飞船首次飞行，着重考核了整个载人航天工程总体设计方案的可行性，特别是飞船系统的舱段分离技术、调姿制动技术、升力控制技术、防热技术、回收着陆技术等5大关键技术的可靠性。这次飞船采用了最小的配置，仅装配了与飞船返回系统紧密相关的8个分系统，飞船的轨道舱没有进行留轨试验。飞船返回舱搭载了一些纪念品：一是中华人民共和国国旗、中国澳门特别行政区区旗、奥运会会旗等；二是各种邮票及纪念封；三是各10克左右的青椒、西瓜、玉米、大麦等农作物种子，还有甘草、板蓝根等中药材。神舟一号搭载的57种物品返回后开舱检查，均完好无损。神舟一号的成功飞行，标志着我国载人航天工程取得重大突破，载人航天技术迈出了实质性的一步。

神舟一号试验飞船搭载的五星红旗在天安门广场升起

神舟二号飞船在厂房

神舟二号飞船运往发射场

神舟二号飞船

2001年1月10日，第二艘飞船神舟二号发射升空，成功进入预定轨道。飞船在轨道上绕地球108圈，在太空飞行6天18小时后，于1月16日在内蒙古中部草原上安全着陆，回收成功。

神舟二号飞船是第一艘无人正样飞船，其系统结构有了新的发展，技术性能有了新的提高，飞船技术状态与载人飞船基本一致。其中，飞船轨道舱进行了首次留轨运行，在太空正常工作上百天，成功地开展了一系列空间科学实验，包括首次进行了半导体光电子、氧化物晶体、金属合金等材料的晶体生长实验，完成了蛋白质和其他生物大分子的空间生产实验，开展了生物、微生物及细胞组织的空间效应实验等。

神舟二号按载人飞行要求采用全系统配置，在完善神舟一号飞船在舱内温控、系统配合等方面存在不足的基础上，重点考核了环境控制与生命保障、应急救生两个分系统的功能，进一步检验了飞船系统与其他系统的协调性。因此，轨道舱进行了长达半年的留轨实验，取得了许多富有价值的科研成果。

神舟三号飞船

2002年3月25日，神舟三号飞船发射成功。飞船在太空飞行了6天18小时，环绕地球108圈后，准确在主着陆场返回地面。

神舟三号飞船的技术状态与载人状态完全一致，进一步优化改进了许多分系统的性能。这次特别装载了太空“模拟人”，用这种无生命载荷取代人，在太空模拟人体代谢、人体生理信号及形体状态等，考核飞船舱载医学监督系统、环控生保系统，检验了飞船的载人状态。

神舟三号飞船还增加了逃逸与应急救生功能，进行了逃逸救生和天地语音传输等方面的试验，这些试验都取得了成功。

神舟三号飞船在厂房

神舟三号飞船返回地球

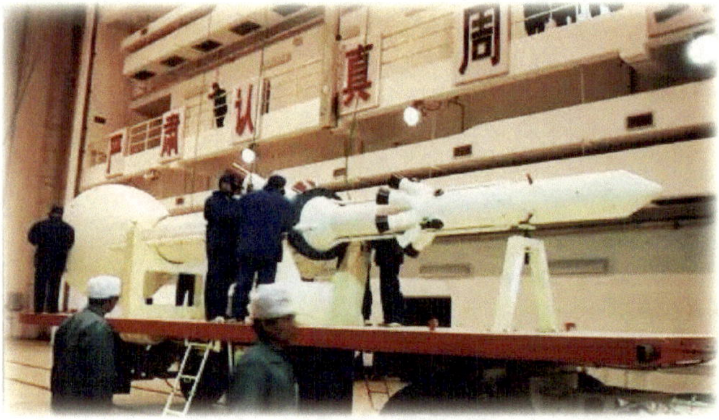

逃逸塔检测

神舟四号飞船在厂房

神舟四号飞船

2002 年 12 月 30 日，神舟四号飞船升空，进行了载人飞行前的一次演练。这是一艘最完善的无人飞船，在太空轨道上飞行 6 天 18 小时，环绕地球 108 圈，于 2003 年 1 月 5 日在主着陆场平稳着陆，回收成功。

神舟四号飞船增加了人工控制和在轨自主应急返回等多项功能，进一步考核了飞船系统的工作性能、可靠性和安全性。飞船设计了多种救生模式，飞船内部设施进行了优化，甚至启动酒泉副着陆场，设立若干陆上应急救生区，部署海上应急救生船，完全按照正式载人要求进行了一次演练飞行。

这次飞行运载有 52 件科研设备，进行了对地观测、生命科学和空间环境实验。飞船内还安置了两个穿着航天服的“模拟人”，全面考核了舱内环境控制与生命保障系统。这次飞行表明，飞船的性能已完全满足载人飞行的要求。

神舟四号飞船成功返回

神舟第一次载人太空飞行

神舟五号是第一艘载人飞行的飞船。它的结构与神舟四号不同的是头部由半球体改为圆柱体，舱内为航天员留出尽可能多的空间，少装了一些设备和物品。飞船总设计师戚发轫说：“我们在设计飞船时有一个原则，就是飞船的每一个系统要做到‘一次故障，正常飞行；二次故障，安全返回’。换句话说，当一个系统第一次出现故障时，要做到飞船能正常运行；出现第二次故障时，能保证航天员安全返回。”神舟五号是自动化程度非常高的载人飞船，飞船上配备有多种安全飞行模式，能做到“平安上去，安全下来”。

2003 年 10 月 15 日 9 时整，在酒泉卫星发射中心的载人航天发射场，神舟五号载人飞船由长征二号 F 运载火箭发射升空，把中国第一位航天员杨利伟送上近地点 200 千米、远地点 350 千米、倾角 42.4 度的初始轨道，实施变轨后进入 343 千米高的圆轨道上运行。神舟五号飞船在太空飞行时，杨利伟用笔记录了飞行感想，透过舷窗观赏太空景象，用相机拍摄太空景色，展示带上太空的中国国旗和联合国旗。他与在地面指挥中心的妻子和儿子通话说：“我在太空感觉很好，太空的景色非常美，我看到咱们美丽的家了。”神舟五号飞船在太空飞行 21 小时 23 分，环绕地球 14 圈，航程 60 万千米。10 月 16 日 6 时 23 分，神舟五号飞船返回舱在内蒙古四子王旗主着陆场平安返回地面，实际着陆点与预定着陆点相距只有 4.8 千米。杨利伟出舱后说：“飞船运行正常，我感觉良好，我为祖国感到骄傲。”钱学森在 10 月 16 日亲笔题写贺词：“热烈祝贺神舟五号发射成功，向新一代航天人致敬！”我国首次载人航天飞行的成功，标志着中国载人航天工程历史性的突破，中国成为世界上第三个能够独立开展载人航天活动的国家。

神舟五号飞船飞行前，为了确保航天员的安全，进行了 37 处提高可靠性的改进和 20 处提高安全性的改进，并安排了 56 项可靠性试验和 9 项安全性试验。飞船如何进行空中姿态调整，穿过稠密大气层时如何不被烧坏，如何利用空气作用安全着陆等关键技术环节，都一一作了完善预案，甚至把飞船上的拉力式座椅缓冲器改用胀环式座椅缓冲器，使航天员的胸背冲击过载降到安全范围，为航天员的安全返回多加了一道保险。

神舟五号飞船返回舱还搭载了一些物品，包括一面中国国旗、一面 2008 年北京奥运会会旗、一面联合国旗、人民币主票样、中国首次载人航天飞行纪念邮票、中国载人航天工程纪念封和中国台湾地区的农作物种子等。飞船完成飞行任务返回舱回到地面，轨道舱留在轨道上继续运行半年，取得一系列空间实验成果。

中国首位航天员杨利伟在太空

这次载人飞行的成功表明，飞船总体方案及各分系统方案正确，航天员座舱的大气环境、力学环境满足设计要求。这次载人飞行考核了飞船发射起飞段的救生功能、自动应急返回方案及各种故障预案，还为神舟飞船的后续任务提供了宝贵经验。

神舟五号载人飞行成功，引起世界瞩目，许多国外航天部门著名人士和媒体盛赞中国航天取得的这一最新成就。美国国家航空航天局局长肖恩·奥基夫发表声明说：“这次发射是人类探索史上的一项重要成就。继俄罗斯和美国之后，中国是第三个成功将人类送入太空的国家。中国人民拥有漫长和卓越的探索历史。美国国家航空航天局祝愿中国载人航天飞行计划能继续安全地向前推进。”欧洲航天局局长让·雅克·多尔丹说：“中国已经成为第三个独自将人类送入太空的国家，这表明它的太空技术已经非常可靠。中国载人航天取得的成功将开启国际太空合作的新时代。”俄罗斯电视台报道称：“中国成功发射神舟五号载人飞船，标志着中国进入了太空新时代，中国已成为继俄罗斯和美国之后能独立实施太空载人飞行计划的第三个航天大国。”联合国外空司司长卡马乔表示：“中国首次载人航天飞行的成功是太空探索的一个重要里程碑。世界上只有三个国家具备载人航天的实力，中国是第一个顺利完成载人航天飞行的发展中国家。”

中国首位航天员杨利伟出舱

中共中央、国务院、中央军委在贺电中指出：“首次载人航天飞行的圆满成功，是我国航天发展史上一座新的里程碑，标志着我国已经成为世界上独立自主地完整掌握载人航天技术的国家之一。”载人航天飞行的圆满成功是中华民族在攀登世界科技高峰征程上完成的一个伟大壮举，全世界为之瞩目，全国各族人民为之自豪。

神舟六号航天员费俊龙、聂海胜

两人五天的航天飞行

2005 年 10 月 12 日 9 时整，长征二号 F 运载火箭再次发射，把载有航天员费俊龙和聂海胜的神舟六号飞船准确送入预定轨道。飞船先进入近地点 200 千米、远地点 347 千米、倾角 42.4 度的椭圆轨道，实施变轨后进入 343 千米高的圆轨道上运行，发射获得圆满成功。

神舟六号飞船在太空飞行时，两名航天员进行了开关舱门、穿脱航天服、操作各种设备的试验，费俊龙做了失重条件下四个前滚翻表演，拍摄了太空图像，两名航天员先后进入轨道舱内开展了科学实验活动。经过近五天飞行，环绕地球 77 圈，航程 325 万千米，10 月 17 日飞船在内蒙古四子王旗主着陆场平安返回地面，费俊龙、聂海胜胜利完成第二次载人航天飞行任务。

这次飞行发射用的长征二号 F 运载火箭，采用了三项新技术：一是安装了图像实时测量系统，使地面控制中心能清楚地监测到火箭各级分离、整流罩分离、船箭分离等关键环节的动作情况；二是在逃逸塔上增加了火路保险系统，增加了安全保险功能；三是针对箭体结构振动调整了动力系统，保证发射中的平稳飞行。

神舟六号飞船为适应两人多天飞行，也相应做了一些改进和调整，如取消了附加段；轨道舱内安装了科学实验设备和生活设施，配备了充足的生活必需品；返回舱增设了一个座位，开通了进入轨道舱的舱门，保证航天员出舱安全；舱内采用人性化设计，为两名航天员创造了比较舒适的工作和生活环境。

神舟六号飞行与神舟五号相比，在技术上有以下新的亮点。

从一人到两人。人数的增加给飞行任务的各个环节和工程系统带来新的变化，两人飞行比单人飞行更能全面考核飞船和工程其他系统的性能。由于人数和设备的增加，神舟六号飞船重量增加了 200 多千克。

从一天到五天。神舟五号太空运行只有 21 小时多，绕地球 14 圈，航程 60 多万千米，而神舟六号运行共 115 小时，绕地球 77 圈，航程 320 多万千米。飞船在太空停留的时间越长，发生问题的概率越大，飞行控制也就更复杂，五天的飞行表明了我国太空载人飞行控制达到了较高水平。

从一舱到多舱。神舟五号飞行中，航天员杨利伟一直待在返回舱内，也没有进行空间科学实验操作，而神舟六号两名航天员从返回舱到轨道舱进餐、睡觉并开展空间科学实验，第一次有人参与空间科学实验活动。

航天员脱下航天服。神舟五号飞行中，杨利伟一直穿着航天服，而神舟六号的两名航天员则实现了脱下航天服到轨道舱活动。航天员吃上热饭热菜。神舟五号航天员只吃了一些小月饼，喝的是矿泉水，而神舟六号上有专门的食品加热装置，航天员吃上了热饭热菜，品种达 50 多个。航天员多次长时间睡眠。神舟五号上杨利伟仅躺在座椅上睡了两觉，其中熟睡仅半小时，而神舟六号上的两名航天员每天都睡 7 小时左右，并且是在轨道舱舱壁上的太空睡袋中安睡。航天员顺利解决如厕问题。神舟五号杨利伟使用的是航天服里一个类似于“尿不湿”的小便收集装置，而神舟六号在轨道舱里装备了大小便收集器作为“太空马桶”。

火箭更安全。发射神舟六号飞船的长征二号 F 运载火箭有 75 项技术改进，进一步提高了可靠性和安全性。

飞船更舒适。神舟六号飞船首次全面启动了环境控制和生命保障系统。通过 110 多项技术改进，飞船内提高了冷凝水汽的能力，确保飞船湿度控制在 80% 以下；改进了座椅的着陆缓冲功能，在保护航天员的同时，也让航天员在返回途中靠座椅提升仍然可以看到舷窗外的情况。

启动了副着陆场。神舟六号飞行任务全面启用了位于酒泉卫星发射中心附近的副着陆场，副着陆场与位于内蒙古中部草原四子王旗的主着陆场相隔 1000 千米，可以起到气象备份的作用。主、副着陆场都配备了必要的搜救装备和人员，在飞船运行期间都全面启动，保证飞船在任何情况下着陆的安全。

神舟六号航天员费俊龙、聂海胜返回地面

神舟六号飞船是我国第一次真正意义上的有人参与空间科学实验活动的载人航天飞行，标志着我国载人航天工程一期工程的胜利实现，也为实现第二步目标奠定了基础。中共中央、国务院、中央军委在贺电中指出：“神舟六号载人航天飞行的成功，标志着我国在发展载人航天技术、进行有人参与的空间试验活动方面取得了又一个具有里程碑意义的重大胜利。这对于进一步提升我国的国际地位，增强我国的经济实力、科技实力、国防实力和民族凝聚力，鼓舞全国各族人民紧密团结在党中央周围，不断把中国特色社会主义伟大事业推向前进，具有重大而深远的意义。”

航天员首次实现太空行走

2008 年 9 月 25 日，神舟七号飞船载三名航天员进行载人航天工程的第三次航天飞行。这次飞行的主要任务是进行航天员的出舱活动，即实现引人注目的太空行走。

这一天 21 时 10 分，神舟七号飞船发射升空，21 时 19 分准确进入预定轨道。航天员翟志刚、刘伯明、景海鹏进入太空飞行，飞船发射获得圆满成功。

神舟七号航天员翟志刚（中）、刘伯明（右）、景海鹏（左）

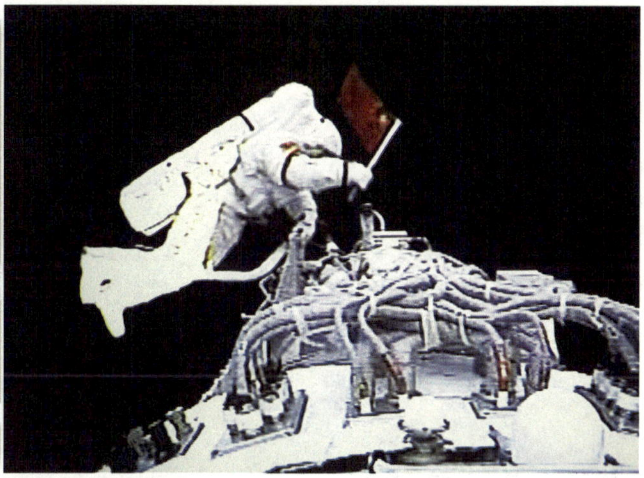

航天员翟志刚在太空出舱行走并展示国旗

9 月 26 日 0 时，翟志刚、景海鹏开始第一次睡眠。4 时，飞船启动变轨程序，由椭圆轨道进入圆轨道。9 时，翟志刚和刘伯明开始进行轨道舱状态检查，舱外航天服组装、测试和在轨训练，持续了 9～10 个小时；景海鹏则全神贯注地对飞船进行监测并与地面联络。

9 月 27 日 16 时，翟志刚身着“飞天”舱外航天服准备进行出舱活动。他先把头伸出气闸舱，沿着轨道舱壁行走停了下来。翟志刚向地面飞控中心报告：“我已出舱，感觉良好。神舟七号向全国人民、全世界人民问好！”翟志刚接过刘伯明从舱内递上来的一面五星红旗，徐徐挥动起来。然后他将安装在舱壁上的科学试验样品固体润滑材料和太阳电池基底薄膜材料取下，顺利交回舱内。17 时，翟志刚成功返回轨道舱。他在 19 分 35 秒的舱外活动中，飞过了 9165 千米。19 时，飞船飞行到第 31 圈时，成功释放一颗伴飞小卫星。这颗小卫星缓缓地离开飞船，并对飞船摄像和照相，然后通过测控网传回地面。

9 月 28 日 12 时，神舟七号飞船返回舱关闭舱门，准备返航。15 时，担任搜救回收飞船任务的车队出发，奔赴主着陆场。16 时 49 分，远望三号测量船向飞船发出返回指令，飞船开始第一次调姿。返回舱与轨道舱分离，飞船进入正常的返回轨道，踏上返回路程。17 时 37 分，飞船成功着陆，返回舱横卧在主着陆场的草地上。18 时 23 分，翟志刚等三名航天员走出返回舱，标志着神舟七号载人航天飞行任务获得圆满成功。

返回舱成功降落，航天员挥手致意

航天员水槽失重训练

航天员穿戴舱外航天服

这次神舟七号飞船为了保证航天员出舱活动，突破了一些关键技术。第一次建成亚洲最大的失重水槽，对航天员进行严格的出舱活动训练；第一次采用脐带系着航天员行走，脐带好似一根保险绳，不仅保证进入空间的航天员不致脱离飞船，而且还具有通氧气和连接通信的功能；第一次把轨道舱改为气闸舱，为航天员进出飞船创造了必要条件；第一次研制使用舱外航天服，保证航天员出舱活动的安全，舱外航天服还具有供氧、通信、排泄、电源、活动关节等功能。此外，这次飞行还启用了最新建造的远望六号航天测量船和2008年4月25日发射上天的天链一号中继卫星，大大提高了飞船的测控通信覆盖率。

在太空挥舞的五星红旗重回故里

这次载人太空飞行经历了 68 时 27 分，除了航天员完成太空行走任务，返回舱还带回了一些搭载物品：翟志刚在太空挥舞的一面五星红旗，旗长 45 厘米、宽 30 厘米；翟志刚穿的“飞天”舱外航天服上的一双手套，每只手套长 38 厘米，直径 16 厘米，质量 0.8 千克；从舱壁上取回的一个固体润滑材料实验装置，质量为 2.26 千克；海峡两岸同胞“祝福神七，渴望和平”的录音 U 盘，质量不足 10 克；一幅丝质中国地图，地图长 1.05 米、宽 0.95 米，图上还绘有中国国旗、国徽、国歌和全国行政区域统计表；江西三清山濒危植物物种，共精选了 25 种，有白檀、水丝梨、大叶冬青、香楠等；其他旗帜、书画，包括由老红军、老将军签名的中国工农红军军旗、文化部发起的以“和平颂——太空飞行艺术之旅”为主题的书画篆刻作品、中国宇航学会征集的“心系太空”画和 2008 条来自全球网民的祝福语等。

神舟七号飞行，首次成功突破飞船气闸舱、舱外航天服、中继卫星应用、伴飞小卫星释放等一系列关键技术，胜利实现了“准确入轨、正常运行、出舱活动圆满、安全健康返回”的目标。

神舟七号载人航天飞行，是我国载人航天工程第二步任务的首次重要飞行，在我国载人航天事业发展进程中具有十分重要的地位。这次任务的圆满成功，巩固了我国载人航天事业已取得的丰硕成果，实现了我国载人航天发展新的历史跨越，确保了我国载人航天事业持续稳步发展的良好态势。中共中央、国务院、中央军委在贺电中指出：“神舟七号载人航天飞行圆满成功实现了我国空间技术发展具有里程碑意义的重大跨越，标志着我国成为世界上第三个独立掌握空间出舱关键技术的国家。”

神舟七号飞船气闸舱

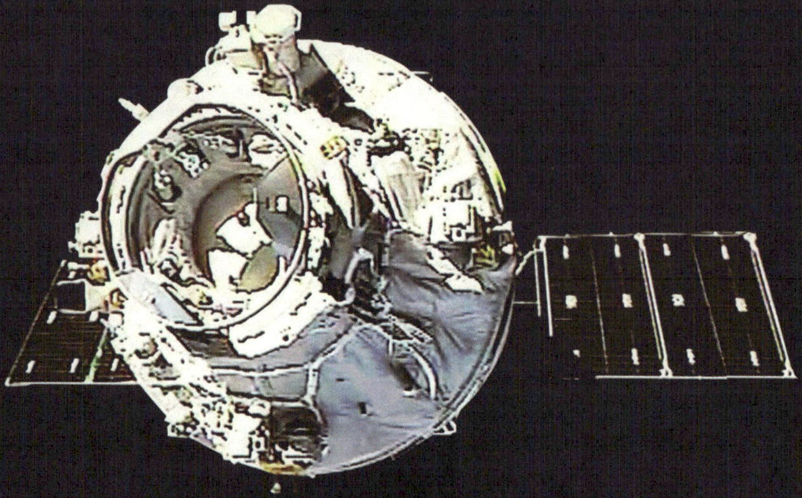

航天器无人太空对接飞行

航天器的空间交会对接，是我国载人航天二期工程第一阶段的一项关键任务。为适应发射目标飞行器的需要，长征二号F运载火箭作了较大幅度的改进，技术更改项目达170多项，由于发射目标飞行器不载人，故取消了逃逸塔装置。2011年9月29日，天宫一号目标飞行器用长征二号F－T1运载火箭发射升空。天宫一号目标飞行器在轨道上飞行期内，用来与神舟飞船进行交会对接试验，首先是与随后发射升空的神舟八号无人飞船实现太空交会对接飞行。

天宫一号目标飞行器高10.4米，质量8.5吨，由实验舱和资源舱组成。舱体最大直径3.35米，活动空间15立方米，可容纳3名航天员工作和生活，设计寿命2年。实验舱为密封结构，四壁都是机柜，装有操作台、仪表板、照明设备等，还有一些太空锻炼器材和航天医学设备。舱内设有两个专用睡眠区，还有与地面进行可视电话通信设备以及个人娱乐设施等。资源舱则是非密封结构，配置有推进系统和电源，外部安装有太阳能电池翼，提供能源保障，并为飞行姿态控制提供动力，担负向运行平台、生命保障系统以及各应用系统供电的任务。天宫一号进入轨道后即处于自动运行状态。天宫一号飞行的主要任务是实施空间交会对接试验，初步建立长期无人在轨飞行、短期有人照料的载人空间试验平台，开展空间科学、技术、医学实验，为空间站研制积累经验。

天宫一号目标飞行器在太空飞行了6年半的时间，先后与神舟八号、神舟九号、神舟十号飞船完成6次交会对接，完成了各项既定任务。2018年4月2日8时15分左右，天宫一号目标飞行器已再入大气层，落区位于南太平洋中部区域，绝大部分器件在再入大气层过程中烧蚀销毁，结束了它的历史使命。

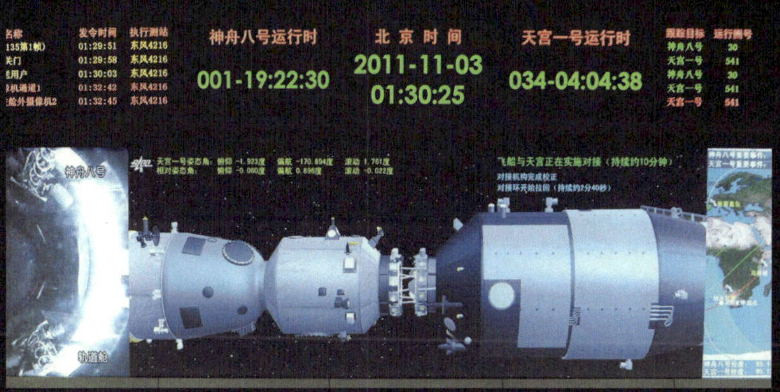

神舟八号飞船与天宫一号对接

神舟八号与天宫一号自动对接——拉近

神舟八号与天宫一号自动对接——缓冲

神舟八号与天宫一号自动对接——锁紧

- 天宫一号目标飞行器为全新研制，采用实验舱和资源舱两舱构型
- 实验舱由密封舱和非密封后锥段组成
- 全长10.40米
- 舱体最大直径3.35米
- 起飞质量8506千克

天宫一号目标飞行器在厂房

2011 年 11 月 1 日，神舟八号无人飞船用长征二号 F 运载火箭发射，进入近地点 200 千米、远地点 329 千米、倾角 42 度的运行轨道。神舟八号飞船取消了气闸舱功能，增加了交会对接功能，因此配置了对接机构及各种交会对接测量设备，包括交会对接雷达、CCD 光学成像敏感器、电视摄像机等。这些测量设备用于测量与目标飞行器的相对位置和相对姿态；飞船的控制系统和推进系统还增加了平移控制发动机，用于为飞船向目标飞行器靠拢和分离过程中提供动力。发射神舟八号不载人飞船的主要目的是突破交会对接技术，部分验证组合体功能，同时充分安排利用空间真实环境验证交会对接相关基础技术，积累在轨试验数据。2011 年 11 月 3 日，神舟八号在距地面 343 千米高的太空轨道上飞行到第 30 圈、天宫一号飞行到第 541 圈时，神舟八号进入 30 米停泊点，与天宫一号在我国甘肃、陕西上空相会，8 分内完成捕获、缓冲、接近和锁紧四个过程，实现刚性连接，整个交会对接完成，两个航天器对接成一个组合体环绕地球飞行。第一次太空交会对接圆满成功。

11 月 14 日，神舟八号与天宫一号组合体飞行近 12 天后解锁分离，随后进行第二次交会对接试验，组合体又飞行了 3 天，进一步考核了机构的重复使用性能。航天器在太空第二次实施无人交会对接取得圆满成功。

11 月 17 日，神舟八号飞船与天宫一号目标飞行器分离后安全返回地面，而天宫一号仍继续留在轨道上运行，执行预定的各项试验任务。2016 年 3 月 22 日，天宫一号在轨工作 1630 天，超期服役两年半时间，正式终止数据服务。天宫一号在超期服役时，获取了大量有价值的数据信息和应用成果，为空间站的建设运营和载人航天成果的应用、推广积累了重要经验。

完美的载人太空对接飞行

2012年6月16日，我国用改进型长征二号F运载火箭发射神舟九号载人飞船，把航天员景海鹏、刘旺、刘洋送入太空遨游。这次飞行的任务是实现我国首次载人空间交会对接试验，全面突破自动和手控交会对接技术；实现女航天员太空飞行；进行空间人员和物品转移，全面验证组合体工作模式；进一步考核改进后的神舟飞船和长征二号F运载火箭的功能和性能；开展有人参与的空间科学与医学实验活动。

神舟九号与天宫一号实现自动对接

2012年6月18日，在北京航天飞行控制中心的精确控制下，神舟九号飞船先抵达距天宫一号正后方约5千米的停泊点，以每秒约0.2米的相对速度向天宫一号缓缓靠拢，3名航天员身着舱内航天服，密切监视着对接过程，认真执行各种指令，迅速准确地向地面报告交会对接实施情况。首先，神舟九号与天宫一号自动交会对接成功，形成组合体。随后，景海鹏在刘旺的密切协助下，成功地打开天宫一号实验舱舱门，他们与刘洋相继飘进天宫一号，开始进行一系列实验活动。6月24日，天宫一号和神舟九号组合体按地面指令先行分离，然后在航天员的精准操控下，神舟九号成功实现与天宫一号的手控交会对接，形成组合体。这表明中国完全掌握了空间交会对接技术，具备了在轨航天器进行人员运送和物资补给的完整能力。6月28日，航天员刘旺手动控制神舟九号与天宫一号分离，天宫一号实施轨道控制，由交会对接轨道进入自主运行轨道，而神舟九号则踏上返航之路。6月29日，神舟九号载人飞船在经过13天的太空飞行后，飞船返回舱安全降落在内蒙古四子王旗阿木古朗草原的主着陆场，航天员景海鹏、刘旺和刘洋先后出舱，我国首次载人交会对接任务取得圆满成功。

中共中央、国务院、中央军委在贺电中指出：“天宫一号与神舟九号载人交会对接任务的圆满成功，实现了我国空间交会对接技术的又一重大突破，标志着我国载人航天工程第二步战略目标取得了具有决定性意义的重要进展。”

神舟九号航天员刘旺（左）、刘洋（中）、景海鹏（右）在太空

神舟十号飞船进行热环境试验

2013 年 6 月 11 日，由聂海胜、张晓光和王亚平组成的航天员乘组，乘神舟十号飞船升空，再次执行与天宫一号目标飞行器的自动和手动交会对接任务。神舟十号与天宫一号组合体在太空运行 12 天，不仅完美地进行了自动、手动交会对接和绕飞交会试验，而且还由女航天员王亚平在首次开设的太空课堂进行了太空授课，继续完成了预定的空间科学实验工作，考核和验证了神舟十号与天宫一号组合体的航天员生活、工作和健康的保障能力。6 月 26 日，神舟十号飞船在太空飞行 15 天后安全返回地面，顺利结束了首次天地往返应用性飞行。

航天员王亚平进行太空授课

神舟十号飞行的圆满成功，标志着中国载人航天工程第二步第一阶段的战略目标全面完成，6 月 24 日，习近平在与神舟十号航天员的天地通话中指出：“这次载人航天飞行体现出了不畏艰险、勇于探索的意志品质，这种宝贵的意志品质对全国人民都是启示和鼓舞。”“航天梦是强国梦的重要组成部分，随着中国航天事业快速发展，中国人探索太空的脚步会迈得更大、更远。”

神舟十号载人飞行任务是我国载人航天工程“三步走”战略第二步第一阶段的收官之战，对巩固和完善空间交会对接技术、推动空间实验室和空间站建设具有重要意义。中国人在实现航天梦的征程中谱写出华丽的新篇章。

航天员进驻天宫二号生活

我国载人航天工程的第二步第二阶段，目标是发射天宫二号空间实验室，实现航天员到空间实验室中共同在轨驻留，并开展一定规模的空间科学实验和应用活动。

2016 年 9 月 15 日，天宫二号空间实验室在酒泉卫星发射中心，由长征二号 F－T2 运载火箭发射升空，飞行 575 秒后，天宫二号与火箭成功分离，并进入预定轨道，发射取得圆满成功。经过实施轨道控制和在轨测试，天宫二号变轨进入 393 千米高的交会对接轨道，建立交会对接姿态，等待神舟十一号载人飞船到来组成轨道组合体，乘载航天员进行 30 天的驻留飞行。

天宫二号在厂房

天宫二号是在天宫一号目标飞行器基础上改进研制的我国第一个具有真正意义的空间实验室。天宫二号全长10.4米，最大直径3.35米，太阳翼展宽18.4米，质量8.6吨，采用实验舱和资源舱的两舱构型，设计寿命两年。天宫二号空间实验室系统总设计师朱枞鹏介绍说："天宫二号从提高载人生活质量、降低工作负荷、改善睡眠环境、丰富娱乐条件等方面进行了宜居环境设计，为航天员提供舒适性的空间家居环境。"天宫二号上装载了空间冷原子钟等14项空间应用载荷，以及失重心血管功能研究等相关航天医学实验设备，配备有在轨维修技术验证装置、机械臂操作终端等在轨维修试验设备，还包括有伽马暴偏振探测仪、宽波段成像光谱仪、三维成像微波高度计、紫外临边成像光谱仪等。天宫二号的任务主要是接待载人飞船和货运飞船造访，进一步验证交会对接技术，实行航天员中期驻留，补加推进剂，进行在轨维修等，以及开展一系列空间应用科学实验、航天员医学实验、空间站技术验证试验等。

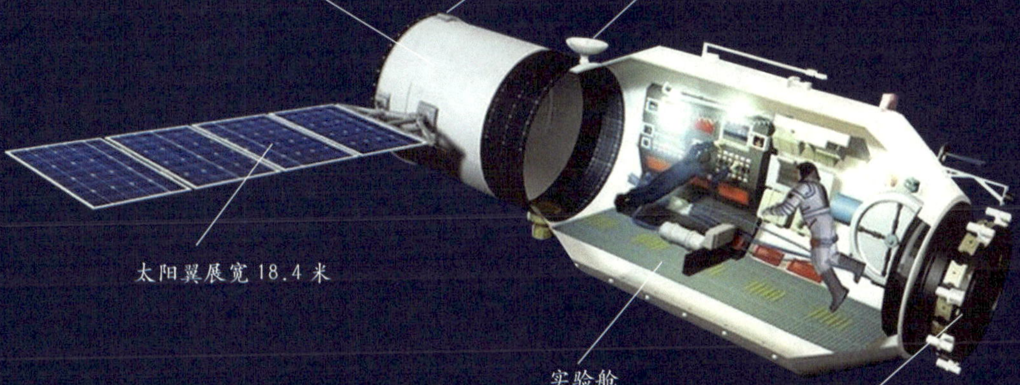

天宫二号上天后，经过多次轨道修正在太空稳定飞行。一个月后，2016 年 10 月 17 日，神舟十一号飞船载两名航天员景海鹏、陈冬，由长征二号 F 运载火箭从酒泉卫星发射中心发射升空，飞行 575 秒后，飞船与火箭成功分离，进入预定轨道，发射获得圆满成功。神舟十一号飞行的几项目的：一是为天宫二号空间实验室在轨运营提供人员和物资天地往返运输服务，考核验证空间站运行轨道的交会对接和载人飞船返回技术；二是与天宫二号对接形成组合体，进行航天员中期驻留，考核组合体对航天员太空生活、工作和健康的保障能力；三是开展 14 项有人参与的航天医学实验、空间科学实验的活动。

景海鹏在天宫二号舱内展示五星红旗

神舟十一号载人飞船入轨后，按照预定程序，先进行两天的独立飞行，然后于10月19日凌晨飞向运行在距地面393千米的近圆对接轨道，与天宫二号进行自动交会对接，组成轨道组合体。航天员景海鹏和陈冬以漂浮姿态进入天宫二号，开始为期30天的太空驻留生活。他们在天宫二号空间实验室内开展了人工栽培蔬菜实验，搭载香港中学生的太空养蚕结茧实验，进行太空跑步实验，开办天地联讲科普课，以及其他一些空间科学、航天医学实验，包括在轨维修在内的10项技术试验工作，创下了中国航天员太空飞行时间最长的纪录。

2016年11月9日下午，习近平来到北京载人航天工程指挥中心，从电子屏幕上观看航天员景海鹏、陈冬在太空的试验操作，并拿起电话通话说："你们已经在太空工作生活了半个多月，海鹏同志是第三次执行载人航天任务，陈冬同志是第一次进入太空，全国人民都很关心你们。你们的身体状况怎么样？""生活怎么样，工作进展得顺利吗？看到你们状态很好，我们非常高兴。你们团结协作，迎难克坚，体现了一流的、过硬的素质。希望你们再接再厉、密切配合、精心操作，圆满完成后续任务。祖国和人民盼望你们胜利归来！"

陈冬将生菜种子放入培育装置

景海鹏在天宫二号舱内

陈冬在宽敞的天宫二号舱内

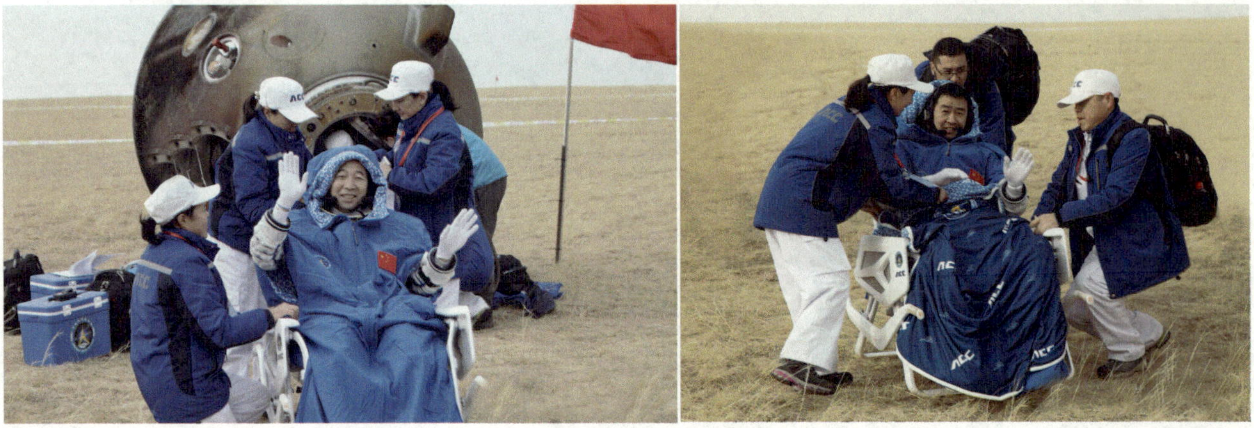

航天员景海鹏、陈冬安全返回

2016年11月17日，神舟十一号航天员景海鹏、陈冬完成了在天宫二号上驻留30天的飞行试验任务，开始撤离天宫二号空间实验室，回到神舟十一号飞船，准备踏上返回地球之路。11月18日，神舟十一号飞船从393千米高的太空轨道上返航，在内蒙古四子王旗主着陆场着陆，完成返回舱搜救和回收任务。天宫二号实验室仍在轨运行，继续开展有关的空间科学实验和应用技术试验，等待迎接天舟一号货运飞船到太空对接飞行。神舟十一号飞船返回舱安全着陆后，航天员景海鹏、陈冬出舱状态良好，表明这次天宫二号和神舟十一号载人飞行任务取得圆满成功。

天宫二号伴星可见光相机拍摄组合体

神舟十一号飞船返回舱返回地面

这次载人航天飞行任务实现了神舟十一号为天宫二号在轨运营提供人员和物资天地往返运输服务；完成了航天员在太空的中期驻留飞行；考核了组合体对航天员生活、工作和健康的保障能力；开展了有人参与的航天医学实验、空间科学实验、在轨维修等技术试验以及航天科普活动。这些成果为后续空间站建设和运营奠定了坚实基础。中共中央、国务院、中央军委在贺电中指出："天宫二号和神舟十一号载人飞行任务圆满成功，首次实现了我国航天员中期在轨驻留，并开展一批体现国际科学前沿和高新技术发展方向的空间科学与应用任务，标志着我国载人航天工程取得了新的重大进展。这是建设创新型国家和世界科技强国的最新成果，是中国人民攀登世界科技高峰的最新成就。"

2016 年 12 月 20 日，中共中央总书记、国家主席、中央军委主席习近平在会见天宫二号和神舟十一号载人飞行任务航天员及参研人员代表时讲话强调："这次任务圆满成功，标志着空间实验室飞行任务取得了重大阶段性胜利。这是我们在实现航天梦的长征路上树立的又一座里程碑。"他还指出："空间实验室飞行任务启动以来，我们坚持自力更生，自主创新，突破了一大批核心和关键技术，首次实现我国航天员中期在轨驻留，为建设航天强国奠定了坚实基础。我们尊重和积极强调广大航天科技工作者的创造精神，锻炼和培养了一支能够站在世界航天科技前沿、勇于开拓创新的高素质人才队伍特别是青年才俊。我们注重传承优良传统，发扬特别能吃苦、特别能战斗、特别能攻关、特别能奉献的载人航天精神，彰显了坚定的中国特色社会主义道路自信、理论自信、制度自信、文化自信，为坚持和发展中国特色社会主义增添了强大精神力量。"

天舟一号货运飞船

天舟飞船的太空运货飞行

空间站的建设和长期运行，除载人飞船运送航天员上站工作，还要有货运飞船向站上运送补给货物。2017 年 4 月 20 日，我国第一艘货运飞船天舟一号，由长征七号运载火箭从海南文昌航天发射场发射升空，飞船进入预定轨道，发射取得圆满成功。

天舟一号货运飞船由货物舱和推进舱组成，其中货物舱安装货物、设备，推进舱为飞船提供电力能源、推进控制动力、装载推进剂。天舟一号货运飞船全长 10.6 米，最大直径 3.35 米，整船最大装载状态下的质量为 13.5 吨，太阳帆板展开后最大宽度 14.9 米，物资运输能力约 6.5 吨，推进剂补加能力约为 2 吨，具备独立飞行 3 个月的能力。天舟一号货运飞船包括 13 个分系统，采用了“天宫”的构型和“神舟”的一些技术，并首次使用中继卫星为主的测控，以确保在轨异常的及时监测处置，降低人力、物力、财力等成本。天舟一号货运飞船除进行推进剂在轨补加试验外，还在轨开展了 10 余项载荷试验，实现“一次飞行、多方受益”的目标。

检测中的天舟一号货运飞船

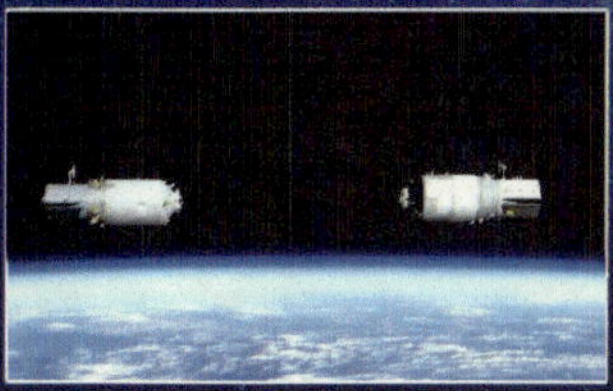

天舟一号货运飞船转入自主交会对接模式

经远距离自主引导及近距离自主控制，天舟一号与天宫二号交会

天舟一号货运飞船与天宫二号自主交会对接成功

2017 年 4 月 22 日，天舟一号货运飞船与天宫二号空间实验室顺利完成首次自动交会对接，此时天宫二号空间实验室已在太空运行 218 天，两个航天器在浩渺的太空中形成组合体飞行。

2017 年 4 月 27 日，天舟一号货运飞船与天宫二号空间实验室成功完成首次推进剂在轨补加试验，标志着天舟一号飞行任务取得圆满成功，也标志着我国载人航天工程第二步目标胜利完成。我国突破和掌握了推进剂在轨补加技术，为空间站的组装建造和长期运营扫清了能源供给上的障碍。我国成为世界上第三个独立掌握这一关键技术的国家。

2017 年 6 月 15 日 18 时 28 分，天舟一号货运飞船与天宫二号空间实验室顺利完成第二次推进剂在轨补加试验，进一步验证了这一关键技术的可靠性。组合体已稳定运行 54 天，期间按程序开展了一系列空间科学实验和应用技术试验，各项工作进展顺利。6 月 19 日，绕飞试验完成后，天舟一号与天宫二号开始第二次交会对接试验。6 月 21 日，天舟一号货运飞船与天宫二号空间实验室分离；在高度约 390 千米的近圆轨道上开始独立运行。9 月 16 日，天舟一号货运飞船与天宫二号空间实验室顺利完成第三次推进剂在轨补加试验，进一步巩固了相关技术成果。整个任务期间，天舟一号货运飞船先后验证了空间站货物补给、推进剂在轨补加、自主交会对接等一系列重要关键技术，为我国空间站建设和运营管理积累了经验。

2017 年 9 月 17 日，在经过近 5 个月的飞行后，天舟一号货运飞船与天宫二号空间实验室实施分离，继续开展离轨前的拓展应用和相关试验。天舟一号正常撤离，天舟一号建立三轴稳定对地飞行姿态，在高度约 400 千米的近圆轨道上开始独立运行。9 月 22 日，天舟一号在完成空间实验室阶段任务及后续拓展试验后，天舟一号经两次制动，轨道高度不断下降，最后进入大气层烧毁。

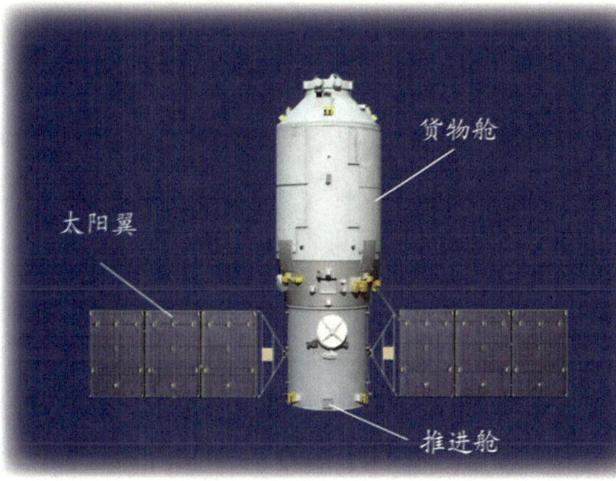

天舟一号货运飞船结构图

新一代载人飞船试验船在技术厂房

发射新一代载人飞船实验船

2020年5月5日，第一枚长征五号B运载火箭在文昌航天发射场将一艘新一代载人飞船试验船和一座柔性充气式货运返回舱的组合体送入预定轨道，发射任务取得圆满成功。

首次发射的长征五号B运载火箭是新一代长征家族中唯一一个5米直径的芯级和四个3.35米直径的助推器组成的第一型一级半结构火箭。火箭总长53.7米，重约850吨，近地轨道运载能力达到22吨，将主要用于发射空间站的舱段。它首次完成了发射新一代载人飞船试验船的飞行任务。

新一代载人飞船试验船和柔性充气式货运返回舱试验船组合体

新一代载人飞船试验船返回舱在东风着陆场预定区域成功着陆

成功着陆的新一代载人飞船试验船返回舱

新一代载人飞船是面向我国近地空间站运营、载人深空探测等任务需求的天地往返运输飞行器，具备高安全、高可靠、适应强和模块化设计等特点。新飞船试验船高近 9 米，“腰围”约 4.5 米，体重超过 20 吨，执行近地轨道飞行任务时可一次运送 6~7 名航天员。它采用返回舱和服务舱的两舱构型，首次采用新型防热材料与结构、群伞系统、着陆缓冲气囊、单组元无毒推进系统、超大型表面张力储箱等一系列新技术、新产品。返回舱是整船的指令中心，也是航天员生活居住的地方，服务舱用于提供动力和能源。

新飞船试验船上天后，进入近地点 170 千米、远地点 400 千米的椭圆轨道运行。在轨飞行 2 天 10 小时，通过 7 次自主轨控将轨道抬到至近地点 330 千米、远地点 8000 千米的大椭圆轨道，制动后以超过 9 千米 / 秒的再入速度返回，返回舱创造了接近第二宇宙速度返回再入的热流条件。再入返回阶段，试验船通过新型返回制导策略控制再入飞行过程，以群伞减速，大型气囊缓冲着陆。5 月 8 日，北京航天飞行控制中心控制试验船完成返回制动，返回舱在东风着陆场成功着陆回收。

新飞船试验船完成了多项空间科学实验和技术试验，验证了高速再入返回防热、控制和群伞回收等关键技术，获取了重要飞行参数，为实现载人空间站建设任务奠定了坚实的技术基础。新一代载人飞船试验船的飞行试验取得圆满成功。

空间站的核心舱升空飞行

2021 年 4 月 29 日，在海南文昌航天发射场发射长征五号 B 运载火箭，成功将空间站“天和”核心舱送入预定轨道，第一个空间站舱段升空飞行，揭开了建造中国空间站的序幕。

中国空间站采用一个核心舱和两个实验舱组合体的基本构型。首先发射成功的天和核心舱是空间站的管理和控制中心，整舱全长 16.6 米，近地轨道运载能力 22.5 吨，可支持 3 名航天员长期在轨驻留，支持开展舱内外空间科学实验和技术试验，供航天员工作生活的空间可达 50 立方米。天和号核心舱由节点舱、生活控制舱（包括大柱段和小柱段）、后端通道和资源舱组成，最大直径 4.2 米（大柱段）、最小直径 2.65 米（小柱段）。发射入轨后，承接载人飞船和货运飞船的对接停靠，为航天员提供定向科学实验和居住环境。节点舱有 3 个对接口和 2 个停泊口，可对接 2 个实验舱、2 艘载人飞船，还充当气闸舱的作用。其前向接口与生活机舱相连，左右两个方向口专门用于两个实验舱停泊，轴向和对地向对接口主要用于飞船的对接或停泊。总之，具备交会对接、转经与停泊、乘组长期驻留、航天员出舱、保障空间科学实验等能力。密封舱内设置有工作区、睡眠区、卫生区、就餐区，医疗医保以及锻炼区，能够为航天员的工作和生活提供舒适良好的保障条件。

天和核心舱升空后，将在距地面800千米的轨道上运行，等待天舟货运飞船、神舟载人飞船和两个实验舱等航天器的陆续来访，共同完成空间站的组装建造，一座由天和核心舱、问天实验舱和梦天实验舱组成的中国“天宫”空间站将在太空中建立起来。

在中国空间站天和核心舱发射成功之际，习近平总书记致电祝贺，指出：“建造空间站，建成国家太空实验室，是实现我国载人航天工程战略的重要目标，是建设科技强国、航天强国的重要引领性工程。天和核心舱发射成功标志着我国空间站建设进入全面实施阶段，为后续任务展开奠定了坚实基础，希望你们大力弘扬“两弹一星”精神和载人航天精神，自立自强，创新挑战，夺取空间站建设任务全面胜利，为全面建设社会主义现代化国家作出新的重大的贡献！”

天和核心舱热试验前吊装

天宫空间站整站三舱地面验证舱

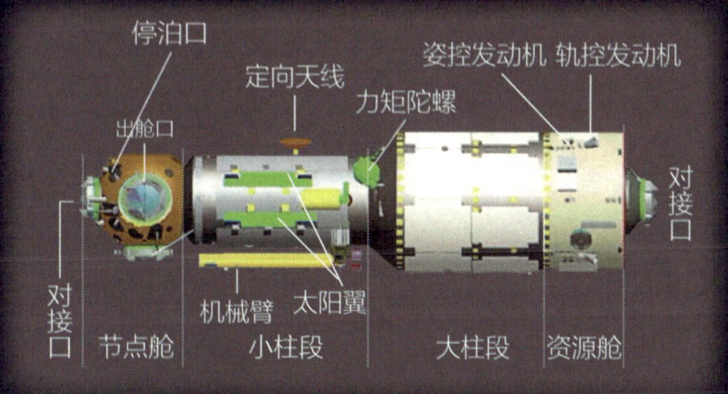

天和核心舱结构图

空间站建设的首次货运飞行

2021 年 5 月 29 日，在文昌航天发射场新一代的长征七号中型运载火箭发射天舟二号货运飞船获得成功。飞船入轨后，5 月 30 日与在轨的空间站天和核心舱实现交会对接，整个过程历时约八小时，这是在空间站工程建设中执行首次货运飞行任务。

天舟二号是中国空间站工程建设阶段发射的首艘货运飞船，担负空间站物资天地运输的重要使命。它由货物舱和推进舱两舱组成，总长 10.6 米，最大直径 3.35 米，最大发射质量 13.5 吨。运送物资上行能力达 6.9 吨，在轨寿命不小于 1 年，供电能力不小于 2700 瓦，具备全相位自主交会对接能力，可多次完成推进剂在轨补加。这次飞行载货 6.8 吨，包括 160 余件货物和约 2 吨推进剂，其中有两套舱外航天服，每套重 100 多公斤，舱外航天服是航天员抵达核心舱后执行舱外任务的必备物资。

天舟二号货运飞船舱内情景

天舟二号货运飞船在技术厂房

天舟二号货运飞船增加了远距离自主导引，飞船可以利用北斗导航的位置信息来实现远距离的全自主导航计算及其制导与控制。天舟二号将保障首批3名航天员进驻天宫空间站，完成为期3个月的驻留任务，并开展遥控操作交会、前向对接口补加试验、机械臂转位试验等关键技术验证。天舟二号携带的160余件货物中有航天员所需要的生活物资，包括食物、饮水以及实验设备、实验资料等。

天舟二号货运飞船全面加强了平台方案和货运方案的系统优化设计和可靠性设计，实现了高效多能、高效自主、高效管理和高安全性设计目标。它在轨运行期间，将保障首批3名航天员在空间站完成为期三个月的驻留及其开展各项空间实验工作。

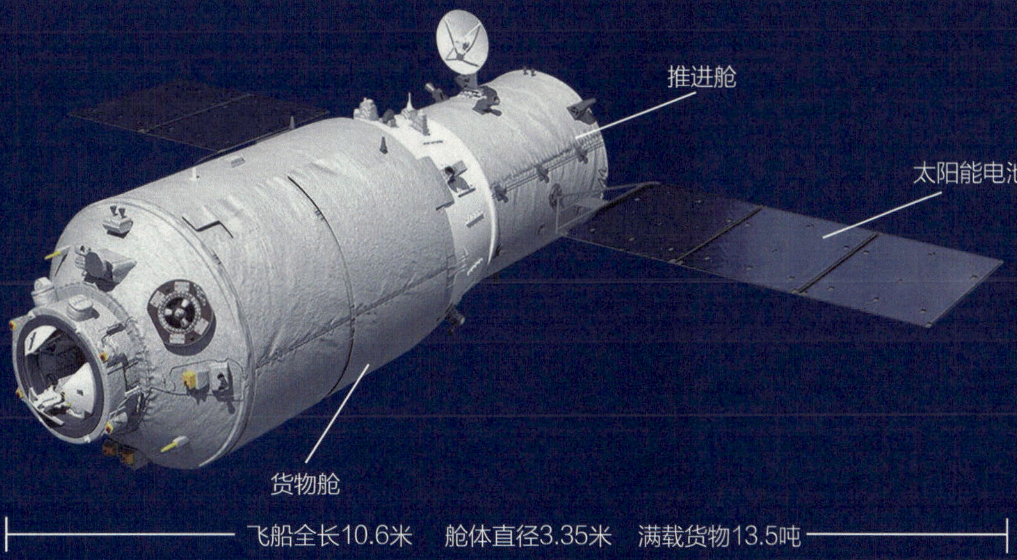

航天员首次进驻空间站

2021 年 6 月 17 日，在酒泉卫星发射中心，神舟十二号飞船搭载聂海胜、刘伯明、汤洪波三名航天员，由长征二号 F 运载火箭发射升空，随后顺利进入预定轨道，开始建设空间站的首次载人飞行。

这一天，上午 9 时 22 分，神舟十二号载人飞船起飞。飞行 6 小时后，15 时 54 分即与已经在轨和天舟二号货运飞船形成组合体的天和核心舱自主快速交会对接，3 名航天员随后进入空间站组合体，聂海胜等三人是中国空间站关键技术验证和建设阶段首批入驻的航天员。他们在太空停留三个月，开展空间站组合体的日常管理，完成货运飞船物资转移，出舱活动以及舱外作业，空间科学实验和技术试验，同时进行航天员自身的健康管理。特别是组织和实施了两次出舱活动，

指令长聂海胜在舱内操作

刘伯明出舱

汤洪波出舱

在机械臂支持下，开展了空间站舱外有关设备组装等作业。第一次在 7 月 4 日，航天员刘伯明和汤洪波身穿“飞天”舱外航天服出舱，在机械臂上安装脚限位置，抬升舱外全景相机，验证了航天员与机械臂协同工作的能力，以及出舱活动相关支持设备的可靠性和安全性。第二次在 8 月 20 日，航天员聂海胜和刘伯明先后出舱，在舱内航天员汤洪波的支持配合下，历经 6 小时，完成了安装设备等任务。在天和核心舱内配备有 3 个独立卧室和 1 个卫生间，配备有 120 余种营养均衡的航天食品，还安装有太空跑台和太空自行车供航天员日常锻炼，航天员还可实现空间站与地面的双向视频通话和收发电子邮件。

聂海胜、刘伯明、汤洪波三名航天员在天和号核心舱

2021 年 9 月 17 日，神舟十二号载人飞船航天员聂海胜、刘伯明、汤洪波在太空组合体驻留 90 天后，与天和核心舱分离，在东风着陆场安全返回地面，刷新了中国航天员单项飞行任务与驻留时间纪录。

神舟十二号飞行任务进一步验证了载人天地往返运输系统的功能性能，全面验证了航天员长期驻留保障技术，在轨验证了航天员与机械臂共同完成出舱活动以及舱外操作的能力，同时首次检验了东风着陆场的探索回收能力。中国空间站建设首次载人飞行取得了圆满成功。第一次参加航天飞行任务的航天员汤洪波从太空归来后说：“回来的感觉非常好，飞出太空的感觉非常好！三个月的太空之旅，我们完成了诸多任务，也领略了太空的深邃和奇妙。”

航天员聂海胜（中）、刘伯明（右）、汤洪波（左）安全顺利返回

天舟三号的快递货运飞行

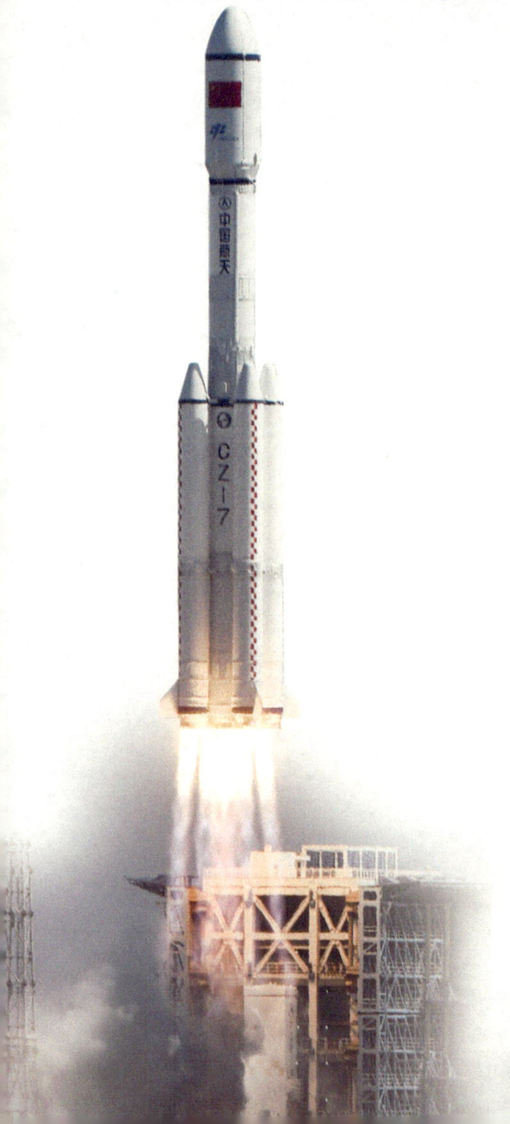

2021年9月20日，在文昌航天发射场，天舟三号货运飞船用长征七号运载火箭发射成功。飞行597秒后，飞船与火箭分离顺利进入预定轨道，随后，飞船太阳能帆板展开工作正常，天舟三号为建设中的空间站运送货物和补加推进剂，发射获得圆满成功。这是中国空间站建设关键技术验证阶段货物运输系统的第二次应用性飞行。

天舟三号货运飞船入轨后，顺利完成入轨状态设置，并采用自主快速交会对接模式，成功对接了天和核心舱及天舟二号货运飞船组合体，完成交会对接后，转入三舱（船）组合体飞行状态。

天舟三号货运飞船与一号、二号构型设计一致，全长10.6米，最大直径3.35米，由货物舱和推进舱两舱组成，但它进行了系统优化设计。简化平台配置，提高了运输效率，推动了元器件自主可控等工作。

天舟三号货运飞船吊装

天舟三号货运飞船发射质量约 12 吨，运送物资约 5.6 吨，携带航天员正常驻留和应急驻留消耗品、舱外航天服以及出舱消耗品、空间站平台物资、推进剂和部分试验载荮等，其中正常驻留生活物资为三人 180 天量，应急储备物资三人 10 天量，完全满足神舟十三号航天员乘组在太空工作和生活的需求，并为空间站在轨建造的后续飞行任务奠定基础。

天舟三号货运飞船与天和核心舱对接后，还具备了为空间站提供姿态和轨道控制能力，以及双向并网供电和信息并网能力，可为空间站提供姿轨控制支持、电能支持、信息交付支持。天舟三号货运飞船向空间站的快递货物成功飞行，为神舟十三号载人飞船乘组准备了物质条件和技术条件。

天舟三号货运飞船在技术厂房

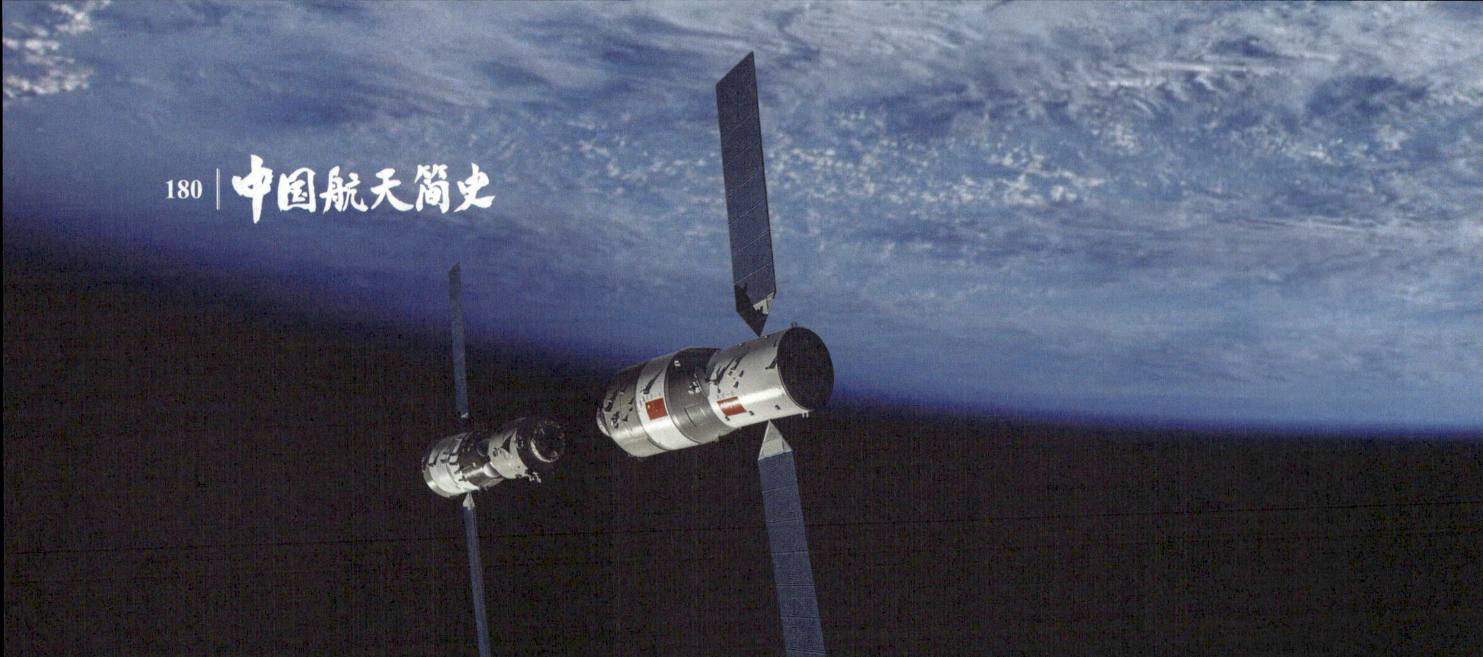

航天员创驻站太空飞行纪录

2021 年 10 月 16 日，翟志刚、王亚平、叶光富三名航天员乘坐神舟十三号载人飞船，在酒泉卫星发射中心用长征二号 F 运载火箭发射升空，成功进入预定轨道，约 6.5 小时后，神舟十三号飞船采用自主快速交会对接模式成功对接于在轨的天和核心舱端口，与天舟二号、天舟三号飞船一起构成四舱（船）组合体，三名航天员随后进驻天和核心舱开始为期 6 个月的太空飞行。

航天员翟志刚（左）王亚平（中）叶光富（右）

神舟十三号载人飞行任务是开展机械臂辅助舱段转位、手控遥操作等空间站组装建造关键技术试验，进行 2 至 3 次航天员出舱活动，为后续空间站建造做准备；进一步验证航天员在轨驻留 6 个月的健康、生活和工作保障技术；进行航天医学、微重力物理领域等科学技术试验与应用，开展多样化科普教育活动；全面考核工程各系统，执行空间站任务的功能、性能以及系统间的匹配性能。

航天员翟志刚、叶光富第一次出舱

航天员翟志刚、王亚平在舱外操作的场景

神舟十三号载人飞船

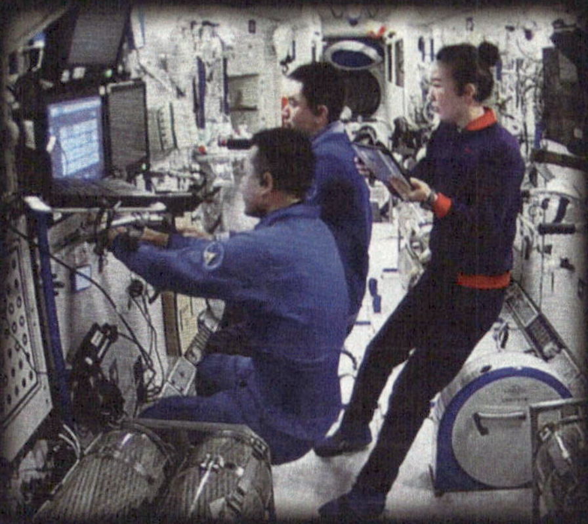

神舟十三号航天员在空间站核心舱

航天员叶光富在太空课堂上

11月7日，神舟十三号航天员乘组进行首次出舱活动，航天员翟志刚、王亚平、穿着“飞天”舱外航天服，在航天员叶光富在舱内配合支持下，先后出舱进行舱外作业。太空作业进行约6.5小时，顺利完成机械臂组联装置的安装工作，还完成了舱外典型动作测试与救援验证，王亚平成为太空出舱活动的首位中国女航天员。11月8日，翟志刚、王亚平安全返回核心舱，航天员乘组出舱活动取得圆满成功。

12月9日，神舟十三号飞船乘组在天和核心舱开设“天宫”课堂，为广大青少年带来一场精彩的太空科普课。翟志刚、王亚平、叶光富三名航天员首先带领大家参观了在距离地面400千米的中国空间站天和核心舱，介绍了航天员在太空保护身体健康，在轨锻炼时所使用的太空跑台、与太空自行车等，讲解了前期开展的细胞实验的部分观察研究结果。在约60分钟的授课中，他们演示了微重力环境下细胞实验、人体运动、表面张力等神奇现象，解释了实验背后的科学原理，这是中国空间站开展的首次天空授课活动，取得圆满成功。

12月27日，神舟十三号乘组进行第二次出舱活动，航天员翟志刚、叶光富身穿“飞天”舱外航天服先后出舱，在舱内航天员王亚平的配合下，完成了一系列机械臂操作，抬升舱外全景摄像机，安装舱外作业点脚限位器及相关工效验证、携物转移验证等任务，经过约6小时，神舟十三号航天员乘组圆满完成第二次出舱全部既定任务，航天员翟志刚、叶光富安全返回天和核心舱，出舱活动取得圆满成功。

神舟十三号航天员翟志刚、王亚平、叶光富在空间站组合体工作生活了183天，创造了连续在轨飞行时长的新纪录。2022年4月16日，神舟十三号载人飞船返回舱在东风着陆场成功返回地面，标志着空间站关键技术论证阶段任务圆满完成。

中国空间站在太空亮起来

按计划，2022 年完成中国空间站的组装建设，中国天宫空间站将在太空亮起来。

中国空间站以天和核心舱、问天实验舱、梦天实验舱三舱为基本构型，可长期在轨运行。2021 年 4 月 29 日，发射成功天和核心舱，随后在半年内又发射了 2 艘天舟货运飞船和 2 艘载人飞船，完成了空间站推进剂补加、再生式生命保障、柔性太阳电池翼和驱动机构、大型柔性组合体控制、组装建造、舱外操作、在轨维修等关键技术验证，为实施空间站组装建造和长期运营任务奠定基础。按计划，2022 年还要实施 6 次飞行任务，包括 2 次货运飞船和 2 次载人飞船发射，特别是 2 次空间段舱段（问天号实验舱和梦天号实验舱）发射，最后建成天和核心舱、问天实验舱，梦天实验舱为基础组成的长期载人空间站。

中国空间站由三个 20 吨级的舱段组成，运行在高度为 340 千米至 450 千米近地轨道上，呈 T 字构型，总重约 70 吨左右，其中天和核心舱为控制中心，设在中间，配备航天员生活设施，具有有效载荷实验能力；问天试验船用于开展各项空间科学实验和空间应用活动。空间站的各舱段用新一代长征五号运载火箭从新建的海南文昌航天发射场发射，在轨道上组装完成。空间站建成运行后可载 3 名航天员，最多 6 人，一般每半年内由神舟飞船载人上站轮换一次，同时定期发射天舟货运飞船补加推进剂和补充生活用品，保持空间站长期载人飞行。中国空间站具备 15 年设计寿命，可长期在轨稳定运行。

中国空间站各舱段从设计伊始，就开展了长寿命、可靠性、维修性、安全性一体化设计，以系统和产品的长寿命和固有可靠性设计为基础，配合开展系统和产品在轨故障诊断，处置预案设计、以实现可靠性的既定目标，在太空组装建成后，能够面向紫外辐射、真空、温度突变、空间碎片以及微重力等空间因素的威胁和影响，保证可靠长期运行。

天和核心舱

2022 年，天宫空间站的建成，标志着中国航天事业取得的又一伟大成就！正如习近平总书记指出：“建设空间站，是中国航天事业的重要里程碑，将为人类和平利用太空作出开创性的贡献。”

问天实验舱

梦天实验舱

CZ-3A
中国航天

第七章　辉煌跨越——月球探测

2000 年发布的《中国的航天》白皮书，提出了“开展以月球探测为主的深空探测的预先研究”目标。根据《国家中长期科学和技术发展规划纲要（2006—2020 年）》的要求，我国不但要深化对月球全球性、综合性的认识，完成月球表面环境、地形地貌、地质构造的整体性勘察，还将通过月面软着陆、自动巡视勘察和采样返回实现对重点区域的精细勘察，研究有开发利用前景的能源与资源的分布特征。国防科工委组织科学家和工程技术人员研究制定了月球探测工程的技术方案。经过广大科技人员 20 余年的努力奋战，我国月球探测同样取得了辉煌成就，成为我国航天事业发展史上的第三个里程碑。

这一阶段第三部分“月球探测”标志性成果有：2007 年 10 月 24 日，我国第一颗月球探测卫星嫦娥一号发射升空，在绕月探测中传回第一幅月面图像。2013 年 12 月 2 日，嫦娥三号月球探测器登上月球发射升空后，释放的玉兔号月球车驶向月面巡视考察，实现了探月工程的第二步目标。2014 年 10 月 24 日探月工程三期再入返回飞行试验器飞行获得圆满成功。2018 年 12 月 8 日，嫦娥四号月球探测器发射升空，第一次飞往月球背面开展探测活动。2020 年 11 月 24 日，嫦娥五号探测器发射升空，落月进行探测采样，于 12 月 17 日携带月球样品返回地面，圆满完成落月采样返回的探月工程目标。

实施嫦娥月球探测工程

20世纪90年代初，航天部门与中科院联合开展了我国月球探测工程必要性与可行性研究。1996年完成月球探测卫星技术方案可行性研究，1998年完成月球探测卫星关键技术的初步研究。2001年9月25日，中科院组织召开月球探测工程的研讨会，航天部门介绍了技术方案设想。2002年3月1日，孙家栋组织对月球探测一期工程的可行性论证报告进行了评审。2002年4月19日，中国空间技术研究院召开月球探测卫星第一次工作会，通报了整星研制计划情况。2003年3月1日，国防科工委宣布启动月球探测工程，并任命栾恩杰为工程总指挥、孙家栋为工程总设计师、欧阳自远为月球应用科学首席科学家。2004年1月23日，国务院批准绕月探测工程立项，同年2月成立绕月探测工程领导小组，提出了《绕月探测工程研制总要求》，我国月球探测计划的第一步——绕月探测工程正式实施，2007年我国完成第一颗月球探测卫星的发射任务。

嫦娥一号绕月探测卫星检测

嫦娥一号绕月探测卫星吊装

我国月球探测工程命名为“嫦娥工程”，分为“绕、落、回”三步走的发展目标。第一步是研制发射月球探测卫星，进行绕月飞行探测，初步建立月球探测航天工程系统。嫦娥工程一期工程确定了四大科学目标：第一是通过嫦娥一号月球探测工程携带的遥感器，获取月球表面可见光三维立体影像，绘制完整的三维月球地图，探测月球表面的基本构造和地貌；第二是探测确定月面 14 种元素的含量和分布，为月球的开发利用提供有关资源分布的数据；第三是探测月壤的结构与化学成分，评估月球上氦 -3 资源量和分布；第四是探测地球与月球空间的环境，包括太阳风、太阳宇宙线及磁场等。

“嫦娥工程”一期“绕月探测”由月球探测卫星、运载火箭、发射场、测控和地面应用五大系统组成。

月球探测卫星系统，由中国空间技术研究院负责研制，叶培建任总设计师，第一颗卫星命名为嫦娥一号，由卫星平台和有效载荷组成。卫星采用三轴稳定方式、中心承力筒结构和统一S波段测控体制。嫦娥一号卫星总质量为2.350千克，设计工作寿命不低于1年。

2004年，国防科工委组建的月球探测工程中心负责具体组织工程的实施，各有关部门建立起工程研制队伍。温家宝批示：绕月探测工程是一项复杂的多学科高技术集成的系统工程。要统筹规划，合理确定科学和工程目标；充分调动和整合各方面科研资源，加大重大关键技术的攻关力度。各部门要精心组织，团结协作，高标准、高质量、高效率地完成绕月探测工程任务。在国防科工委绕月探测工程领导小组的统筹规划、精心组织下，各个系统按照总体设计要求，团结协作，展开论证、研制、攻关的工作，。经过三年的努力，高标准、高质量、高效率地研制成功绕月探测工程，迈出深空探测的第一步。

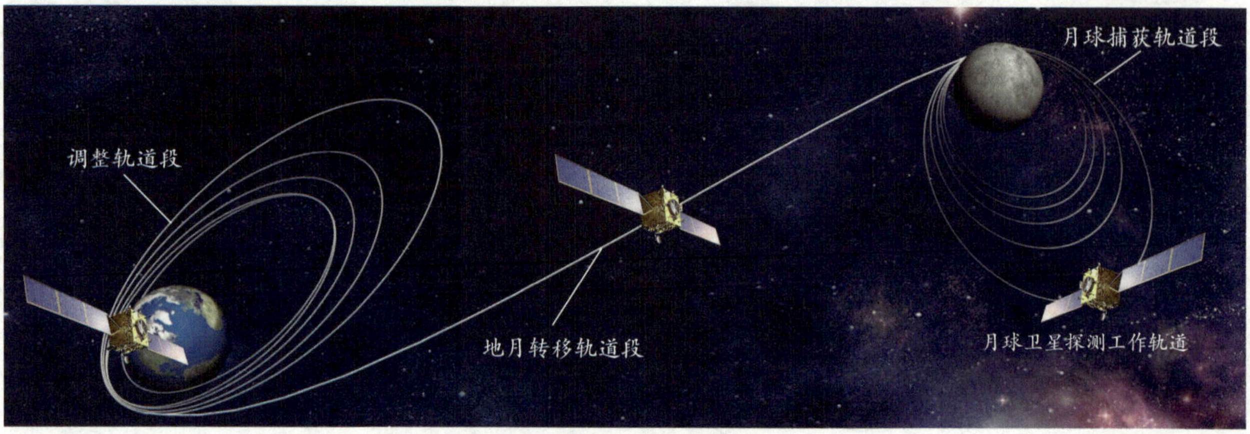

嫦娥一号月球探测卫星轨道示意图

嫦娥一号开始奔月之旅

嫦娥一号月球探测卫星是我国研制的第一个脱离地球引力场的空间飞行器。卫星外形是一个 2.00 米 ×1.72 米 ×2.2 米的六面体，两侧各装一个大型太阳电池翼，展开后跨度达 18 米。卫星质量 2350 千克，设计工作寿命一年。它由结构、热控、供配电、制导控制、推进、数据管理、测控数传、定向天线、有效载荷 9 个分系统及 1 台语音存储装置组成。在卫星总设计师叶培建的主持下，从卫星的方案设计开始，确定主要技术指标，到开展卫星的轨道设计、关键技术的试验验证，不到三年时间完成全部研制工作。

由于嫦娥一号卫星要飞越 38 万千米，不仅路程遥远，而且地月空间环境复杂，在研制过程中集中突破了四个难关。

一是轨道设计与飞行控制关。嫦娥一号卫星的飞行轨道，面临地月相对运动、测控要求、运载火箭发射、燃料携带量、月影分布、月蚀时机等一系列条件的制约，轨道设计考虑各种因素，排除一切不利结果，采取有效的控制手段，最终解决了最优化轨道设计难题。

二是三体定向关。嫦娥一号卫星在绕月飞行过程中，不仅要将天线对准地球，以便发回探测到的数据；而且它的太阳电池翼要面向太阳，以便获取到足够的能源；更由于它的探测目标是月球，所以其相应的科学载荷必须对准月球表面。这样，嫦娥一号卫星采用三轴稳定的姿态控制方式，其定向天线和太阳电池翼都具有一定的运动自由度，可以调整指向，以满足各自不同的定向要求，同时还采用紫外敏感器、星敏感器、陀螺仪及提高控制制导分系统的可靠性等手段，确保三体定向的精度要求。

三是空间环境关。嫦娥一号卫星要面对空间高能粒子辐射环境、空间等离子体环境和空间热环境，可能造成卫星材料和器件的损伤或故障。研制团队经过大量试验，解决了这些辐射效应和热控制问题。

四是远程测控通信关。嫦娥一号卫星在距地球 38 万千米的环月轨道上运行 1 年，传输距离远，时间长，数据量大，不仅要求有更大的地面天线，而且还需要卫星的测控通信具有更强的能力。星上探测器与地面测控系统以及地面应用系统进行了充分的对接试验，验证了星地之间接口的匹配性和正确性，确保嫦娥一号卫星具有必备的测控通信功能。

2007 年 10 月 24 日 18 时 05 分，嫦娥一号月球探测卫星在西昌卫星发射中心三号发射工位由长征三号甲运载火箭发射升空，18 时 29 分进入近地点 205 千米、远地点 50930 千米、倾角 31 度的超地球轨道，实现了准时发射、准确入轨的目标，取得了发射阶段的圆满成功。到 10 月 31 日，经过 1 次远地点加速和 3 次近地点加速，轨道调整到近地点约 600 千米、远地点 40.5 万千米，进入地月转移轨道。

中国首次月球探测工程发回的第一幅月球图像

嫦娥一号卫星在地月转移轨道上运行 114 小时，行程 43.66 万米。2007 年 11 月 5 日 11 时，首次飞抵近月点，顺利实施第一次近月制动，成功被月球捕获，进入周期为 12 小时、近月点 210 千米、远月点 8600 千米的月球极轨椭圆轨道，嫦娥一号成为一颗绕月卫星。此后，通过 3 次制动，11 月 7 日 8 时，嫦娥一号卫星进入了轨道高度约为 200 千米的圆形轨道。嫦娥一号卫星从 10 月 24 日发射到 11 月 7 日进入工作轨道，经过 14 天的太空飞行，顺利实施 4 次加速、1 次中途轨道修正、3 次近月制动共 8 次变轨，经历调相轨道、地月转移轨道、月球捕获轨道三个阶段，总飞行距离约 180 万千米，最终成功进入环月工作轨道。11 月 18 日卫星转为对月定向姿态，11 月 20 日开始传回探测数据，经过处理制作完成第一幅月面图像。11 月 26 日，国家航天局正式公布嫦娥一号卫星传回的第一幅月面图像，这标志着中国首次月球探测工程取得圆满成功。中共中央、国务院、中央军委发来贺电指出：“我国首次月球探测工程是人造地球卫星、载人航天飞行取得成功之后我国航天发展的又一次里程碑。首次月球探测工程圆满成功是我国科技自主创新取得的标志性成果，是中华民族在攀登科技高峰上实现的又一个重大的跨越；对进一步推动我国航天事业发展，增强我国科技实力、综合国力和凝聚力，激励全党全国各族人民更加满怀信心建设创新型国家，推进社会主义伟大建设的事业具有十分重要的现实意义和深远的历史意义。”

2008 年 7 月 1 日，嫦娥一号卫星完成全月球影像数据的获取；2008 年 10 月 24 日，顺利实现在轨一年的工作寿命，圆满完成探月任务。嫦娥一号累计飞行 494 天，其中环月 482 天，比原计划多飞 117 天。它获取了全月球影像图、月表化学元素分布、月表矿物含量、月壤分布和近月空间环境等科学研究成果。2009 年 3 月 1 日，嫦娥一号受控撞击月球丰富海区域，成功完成硬着陆。根据嫦娥一号卫星的探测数据，初步摸清了月球上 8 种元素的分布，推算出月壤平均厚度为 5 ～ 6 米，月壤中氦 -3 含量约为 100 万吨，嫦娥一号卫星还记录到了大量的空间天气变化过程，为研究空间环境提供了大量的一手资料。嫦娥一号卫星完成了绕月探测的使命。

嫦娥二号直飞月球轨道

2008 年 2 月 15 日，国务院批准嫦娥探月工程二期立项。嫦娥探月工程二期即“落月”工程将实施三次飞行，第一次是研制发射嫦娥二号卫星进行环月探测，执行二期工程部分关键技术试验和侦察着陆区的科学实验任务。

嫦娥二号卫星将直飞月球轨道，仅需 5 天就飞过 38 万千米的路程。嫦娥二号增加了技术试验分系统，质量增加了 130 多千克，达到 2482 千克，同时直奔地月转移轨道也需要推力更大的火箭，发射嫦娥一号卫星的长征三号甲火箭已无法满足这样的要求，最后选择采用长征三号丙运载火箭。长征三号丙火箭全长 54.84 米，起飞质量 345 吨，运载能力达到 3.8 吨，而在此之前，长征三号丙运载火箭已有连续 4 次成功发射静止轨道卫星的纪录，而且可靠性较高，能够担负起新的发射任务。

嫦娥二号卫星除增加了技术试验分系统外，还对有效载荷分系统进行了全新设计，对总体及热控分系统进行了局部设计修改，提高了对月科学探测精度。嫦娥二号卫星确定要完成四项科学目标：一是获取更高精度的月球表面三维影像；二是继续探测月球表面物质成分；三是继续探测月壤特性；四是探测地月与近月空间环境，并预选未来“落月”地址。

嫦娥二号卫星与整流罩合拢

2010 年 10 月 1 日 18 时 59 分，嫦娥二号卫星在西昌卫星发射中心用长征三号丙运载火箭发射起航，约 25 分后准确进入近地点 200 千米、远地点约 38 万千米的地月转移轨道。嫦娥二号卫星直接飞抵地月转移轨道，使奔月时间比嫦娥一号卫星减少 7 天。在经过 112 小时的奔月飞行之后，10 月 6 日 11 时嫦娥二号卫星完成第一次近月制动，顺利进入周期约为 12 小时的椭圆环月轨道。10 月 9 日，卫星精确控制下，嫦娥二号卫星成功实施第三次近月制动，顺利进入轨道高度为 100 千米的圆形环月工作轨道。随后，嫦娥二号卫星星上搭载的有效载荷开始探测工作。

嫦娥二号卫星力学试验

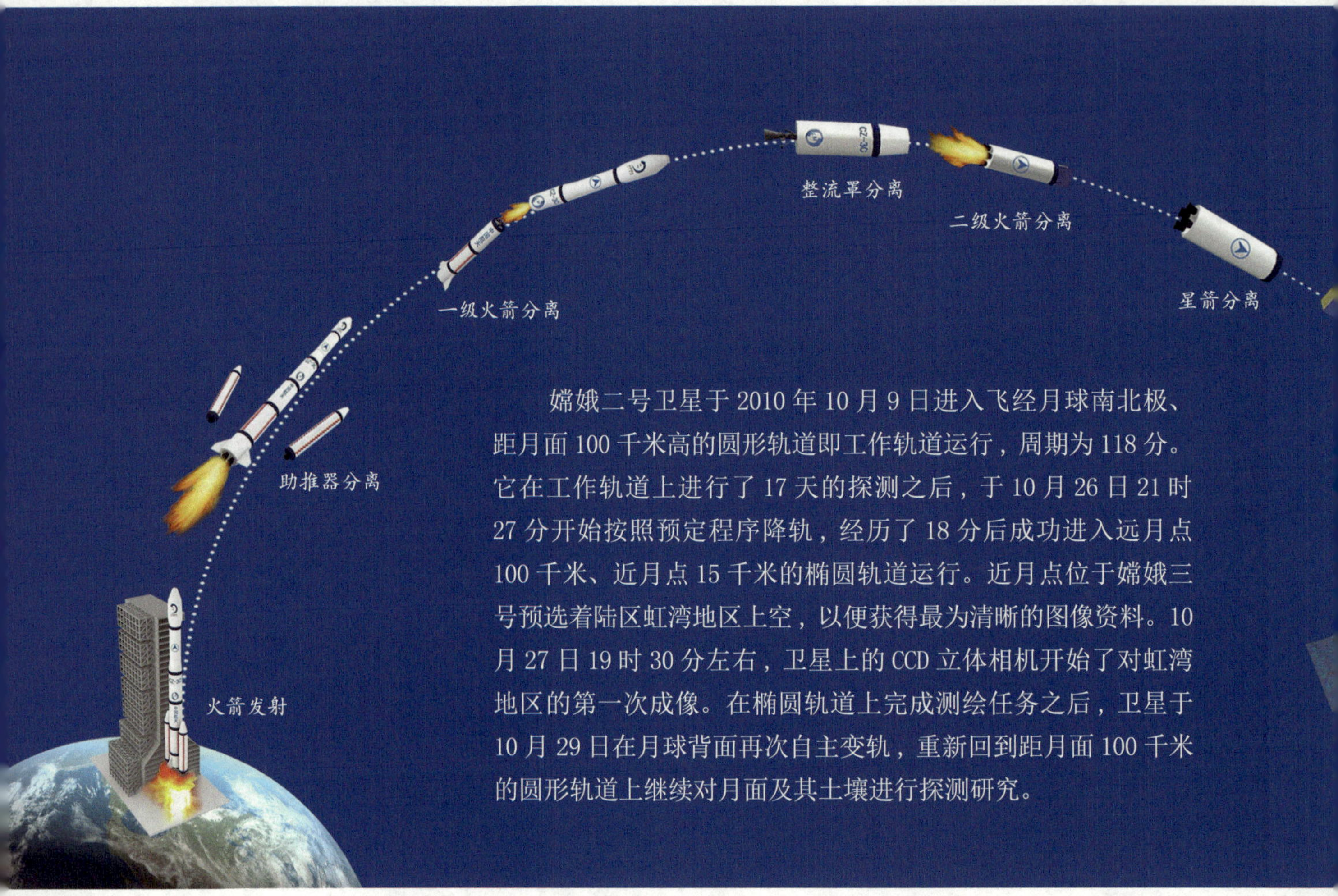

嫦娥二号卫星于 2010 年 10 月 9 日进入飞经月球南北极、距月面 100 千米高的圆形轨道即工作轨道运行，周期为 118 分。它在工作轨道上进行了 17 天的探测之后，于 10 月 26 日 21 时 27 分开始按照预定程序降轨，经历了 18 分后成功进入远月点 100 千米、近月点 15 千米的椭圆轨道运行。近月点位于嫦娥三号预选着陆区虹湾地区上空，以便获得最为清晰的图像资料。10 月 27 日 19 时 30 分左右，卫星上的 CCD 立体相机开始了对虹湾地区的第一次成像。在椭圆轨道上完成测绘任务之后，卫星于 10 月 29 日在月球背面再次自主变轨，重新回到距月面 100 千米的圆形轨道上继续对月面及其土壤进行探测研究。

嫦娥二号卫星的发射和探测成功，取得了 6 项技术创新成果。

一是突破了运载火箭直接将探月卫星发射至地月转移轨道的发射技术。嫦娥一号卫星是先发射到近地过渡轨道，然后经过多次调整才进入奔月轨道，而嫦娥二号卫星是一次直接发射进入远地点 38 万千米的地月转移轨道，这要求运载火箭推力更大，入轨的控制精度更高。

二是试验了 X 频段深空探测技术。嫦娥一号卫星任务用的是 S 频段卫星测控网，而嫦娥二号卫星任务用的 X 频段无线电传输信号，频率更高，远距离测控通信效果更好。

三是验证了 100 千米月球轨道捕获技术。嫦娥一号是在距月面 200 千米处被月球捕获的，而嫦娥二号在距月面 100 千米处制动，由于飞行速度更快、轨道更低，制动量就更大，同时月球不均匀重力场对卫星轨道的摄动影响相应增大，这就大大提高了对卫星制动控制精度的要求。

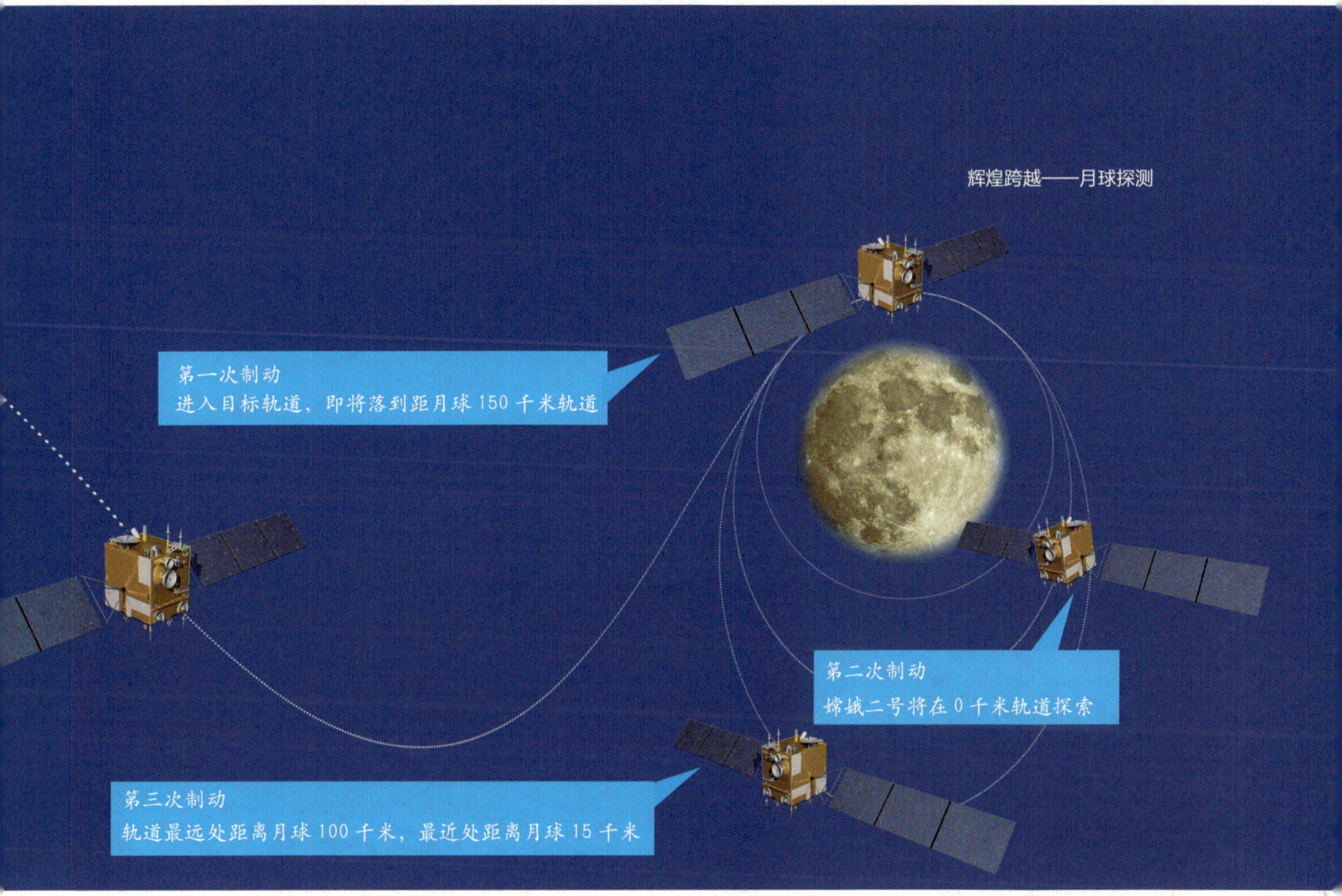

四是验证了 100 千米 ×15 千米轨道机动与快速测定轨技术。嫦娥一号是在距月面 200 千米的圆轨道上固定运行，而嫦娥二号飞行轨道要从 100 千米圆轨道调整到远月点 100 千米、近月点 15 千米的椭圆轨道，就必须要有机动和快速测定轨的技术能力。

五是试验了全新的着陆相机及月地高速数据传输技术。这项技术检验了对月成像能力，提高了数据传输速率。

六是对二期工程任务的预选着陆区进行了高分辨率成像试验。嫦娥一号卫星搭载的 CCD 立体相机分辨率为 120 米，而嫦娥二号卫星在 100 千米圆轨道和近月点 15 千米轨道上对预选着陆区的成像分辨率分别优于 10 米和 1.5 米。

2010年10月27日，嫦娥二号卫星上的CCD立体相机第一次在距月面15千米处拍摄了月球正面虹湾地区的高分辨率图像。11月8日，国家国防科工局首次公布了嫦娥二号卫星传回的嫦娥三号预选着陆区月球虹湾地区局部影像图。

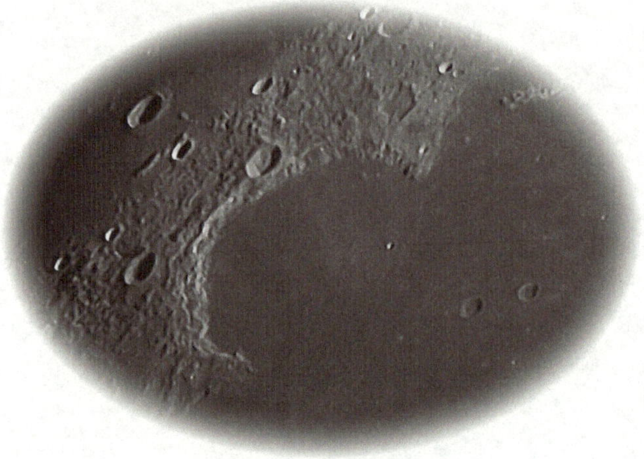
月球虹湾地区局部影像图

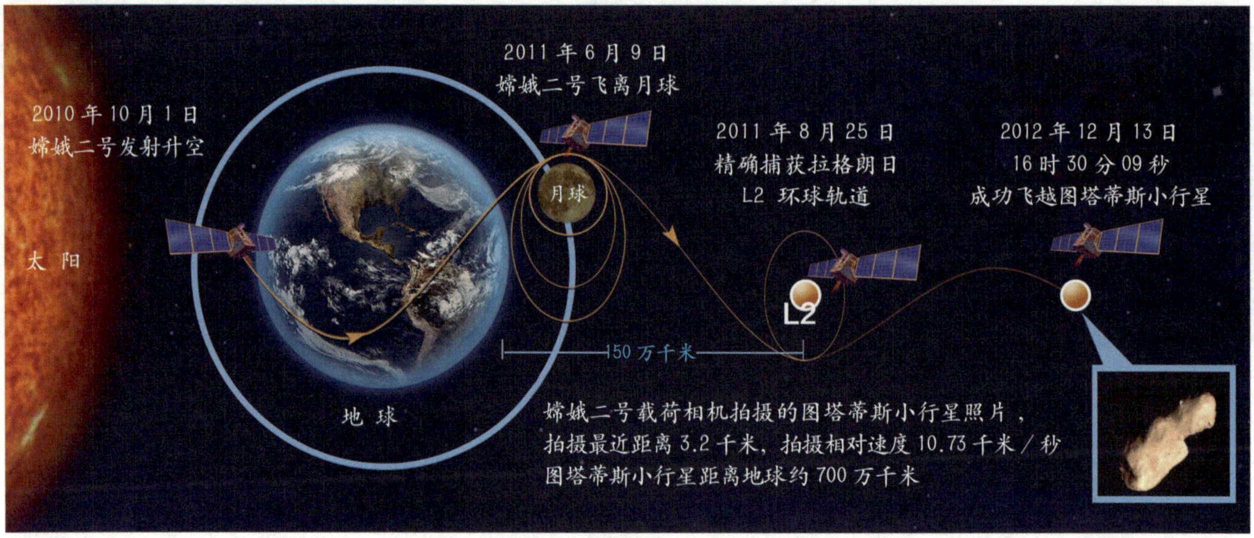

2011年6月9日，嫦娥二号成功飞离月球，奔向距离地球150万千米的日地第二拉格朗日点，开始执行其肩负的第三项拓展性试验任务。此次飞行具有两大亮点：对中国航天而言，航天器第一次飞向如此遥远的星空；对世界航天而言，是航天器首次由绕月轨道飞向拉格朗日点。

嫦娥二号在转移飞行段征途中，地面测控系统择机开展远距离的测控通信、轨道控制，对卫星进行两次中途轨道修正，保证其按预设路线飞行。第二拉格朗日点位于日地连线的延长线上，处于地球的外侧。其特点是以与地球相同的角速度绕日运行，此处的太阳引力与地球引力相等，位置与地球、太阳的相互关系稳定，故而又称引力平衡点，通常叫作平动点。利用该点的位置优势，可以安排天文望远镜等观测设备。从地球到月球，嫦娥二号仅飞行了5天时间，而此次飞行长达近三个月。当其到达第二拉格朗日点附近时，卫星按照地面遥控指令调整姿态、改变方向，进入环绕目标点的圆形轨道运行，即开始环绕运行段的飞行，其轨道面垂直于日地连线。显而易见，嫦娥二号的此次拓展性试验，对我国开展深空探测活动起到了承上启下的作用。

嫦娥二号获取的全月图

2012年6月1日，嫦娥二号成功脱离第二拉格朗日点环绕轨道，开始了中国航天史上新的太空长征，并于同年12月13日成功在距离地球约700万千米处与国际编号4179的图塔蒂斯小行星交会。当时嫦娥二号以10.73千米/秒的相对速度，在最近相对距离达3.2千米时与图塔蒂斯小行星由远及近“擦肩而过”，首次实现中国对小行星的飞越探测。两者交会时，嫦娥二号星载监视相机还对图塔蒂斯小行星进行光学成像，在国际上首次实现对该小行星近距离探测。至此，嫦娥二号再次拓展试验圆满成功，成为我国首颗飞入行星际的探测器。

嫦娥二号任务圆满成功，是我国探月工程取得的又一成就，是中国航天人攀登世界科技高峰的又一壮举，标志着我国深空探测活动迈出了重要一步。

嫦娥三号登上月球考察

2013 年 12 月 2 日，嫦娥三号月球探测器携带玉兔号巡视器，在西昌卫星发射中心，由长征三号乙运载火箭发射升空，飞往月球执行我国探月工程落月探测任务。火箭飞行 13 分后，器箭分离，嫦娥三号探测器被准确送入地月转移轨道，随后，嫦娥三号探测器展开太阳能电池帆板，表明发射取得圆满成功。

嫦娥三号要实现三大工程目标和三类科学探测任务。三大工程目标是：突破月球软着陆、月面巡视勘察、深空测控通信与遥操作、深空探测运载火箭发射等关键技术，提升航天技术水平；研制月球软着陆探测器和巡视探测器，建立地面深空站，获得包括运载火箭、月球探测器、发射场、深空测控站、地面应用等在内的功能模块，具备月球软着陆探测的基本能力；建立月球探测航天工程基本体系，形成重大项目实施的科学有效的工程方法。三类科学探测任务是：月表形貌与地质构造调查、月表物质成分与可利用资源调查、地球等离子体层探测与月基光学天文观测。

嫦娥三号由着陆器和巡视器组成，巡视器又叫玉兔号月球车。整个探测器宽 4 米、高 4.2 米，发射质量 3780 千克、干质量 1220 千克，着陆器质量为 1080 千克，设计寿命 12 个月。着陆器携带的有效载荷包括地形地貌相机、降落相机、极紫外相机、光学望远镜。玉兔号月球车质量 140 千克，长 1.5 米、宽 1 米、高 1.1 米，设计寿命 3 个月（月球上的 3 天）。它以太阳能为能源，能够耐受月表真空、强辐射、高低极限温度等极端环境。

嫦娥三号上天飞行 5 天后，经过两次轨道修正，到达距月球 200 千米的位置，实施减速制动，被月球引力捕获，成为绕月飞行的卫星。第一次近月制动，嫦娥三号进入 100 千米的环月圆轨道。在运行 4 天后，嫦娥三号变轨，进入 15 千米 ×100 千米的椭圆轨道。再运行 4 天后，嫦娥三号从高 15 千米的近月点向月球降落，12 月 14 日 23 时在月球正面的虹湾以东地区实施软着陆成功。5 分钟后，嫦娥三号降落相机开机并传回拍摄到的月面第一张图像。

嫦娥三号降落相机开机并传回拍摄到的月面第一张图像

嫦娥三号两舱对接

2013 年 12 月 15 日 4 时 35 分，嫦娥三号着陆器与巡视器分离，玉兔号巡视器即月球车驶上月球表面，当晚 23 时 30 分与着陆器互相拍照，在月球上合影。玉兔号巡视器装有一副太阳能电池帆板和 6 只轮子。月球车结构系统由结构、桅杆、太阳能电池翼、机械臂四个子系统组成，结构舱体长 1.4 米、宽 0.82 米、高 0.06 米，分为上下两层，下层舱体安装有电源、控制与驱动机构组件等设备，上层舱体安装有太阳能翼、桅杆、太阳敏感器等设备。月球车的舱体仅有 0.75 立方米的空间，却能承载自身重量 6 倍的载荷。它能做到全部自主导航，自己选行走路线，上坡下坎，避开障碍，对月球进行探测、考察、收集和分析样品等复杂工作，最后把数据传回地球。嫦娥三号成功实现了预设的“落下去、走起来”的目标，并顺利开展了在月面的就位探测及巡视勘察活动。

玉兔号月球车

嫦娥三号着陆器、巡视器互拍成像

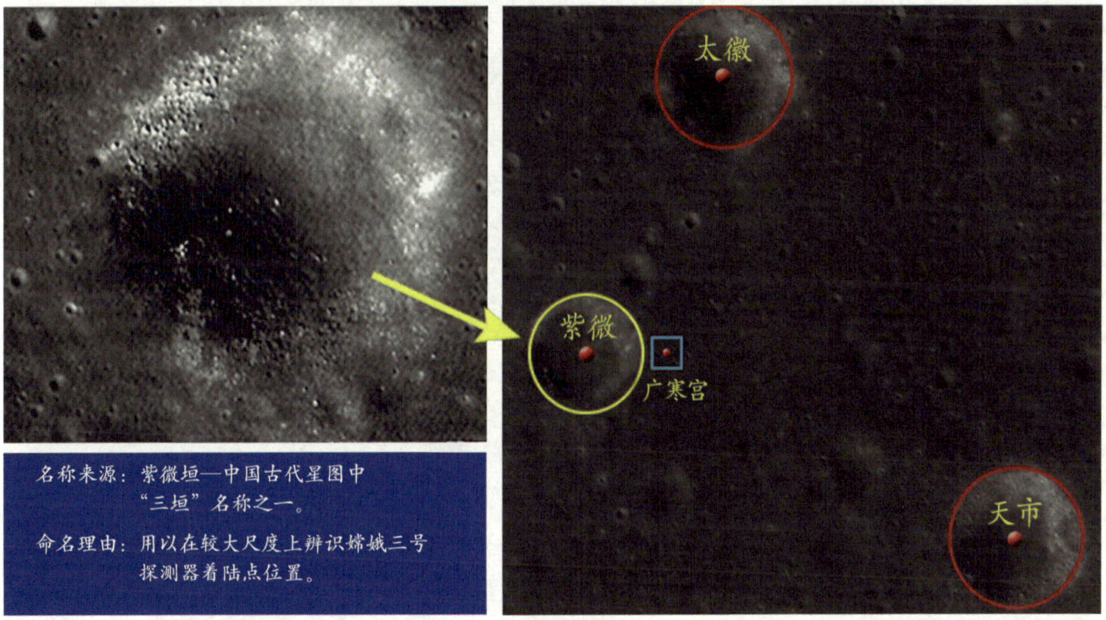

国际天文学联合会正式批准嫦娥三号在月球上着陆的地方命名为“广寒宫”

嫦娥三号着陆器和玉兔号巡视器顺利完成互拍成像，表明我国探月工程二期取得圆满成功。中共中央、国务院、中央军委在贺电中指出：“嫦娥三号任务圆满成功，首次实现了我国航天器在地外天体软着陆和巡视勘察，标志着我国探月工程第二步战略目标的全面实现，在我国航天事业发展中具有里程碑意义。”

2016 年 1 月 4 日，国际天文学联合会正式批准嫦娥三号在月球上着陆的地方命名为“广寒宫”，表示是中国古代神话中“嫦娥和玉兔居住的宫殿”。

探月再入返回飞行试验

2014 年 10 月 24 日，我国探月工程三期嫦娥五号再入返回飞行试验器，在西昌卫星发射中心由改进的长征三号丙运载火箭发射升空，并准确送入近地点 209 千米、远地点 41.3 万千米的地月转移轨道，在太空飞行 8 天 4 时 30 分后，11 月 1 日试验器在内蒙古四子王旗预定区域着陆。这标志着我国探月工程三期首次再入返回飞行试验获得圆满成功。

探月工程三期再入返回飞行试验器由服务舱和返回器两部分组成，总质量 2 吨。服务舱以嫦娥二号绕月探测器平台为基础加以适应性改进而成，具备留轨开展科学试验功能；返回器采用新研制的钟罩侧壁加球冠上底构型，是一个底面直径和高度都只有 1.25 米的锥形体，质量 330 千克，具备返回着陆功能。

再入返回飞行试验器在太空飞行大约 84 万千米，采用绕月自由返回轨道，经历了发射段、地月转移段、月球近旁转向段、月地转移段、返回再入段和回收着陆段 6 个阶段。它在进入地月转移轨道后，在北京航天飞控中心的精确控制下，成功地实施了两次地月转移轨道中途修正（中途修正就是在飞行过程中调整飞行试验器的姿态，在首次中途修正前，试验器携带的相机拍摄了自身远离地球的飞行场景）。2014 年 10 月 27 日，试验器顺利飞抵月球引力影响球，在月球引力作用下，试验器轨道倾角发生自主变化，28 日完成环绕月球的近旁转向飞行。试验器到达距月面 1.2 万千米的近月点，启动多台相机对月球、地球进行多次拍摄，获得了清晰的地球、月球和地月合影图像。

嫦娥五号试验器的“小飞”再入返回器返回

再入返回飞行试验器的返回器绰号“小飞”。2014 年 11 月 1 日，试验器完成飞行任务后，“小飞”与服务舱在距地面 5000 千米的高空缓缓分离。“小飞”返回器很快进入自由飞行状态，建立返回姿态，以接近第二宇宙速度进入稠密大气层，穿过黑障区，在距地面 10 千米的高度自动弹出降落伞，在主降落伞的巨大拉力下，完好地降落在内蒙古四子王旗预定着陆场。“小飞”返回器圆满完成了从地球到月球往返 84 万千米的太空旅程。

工作人员对返回器进行现场处置

2014 年 11 月 1 日，再入返回飞行试验器的服务舱与返回器分离后，经过两次轨道控制，回到远地点 54 万千米、近地点 600 千米的大椭圆轨道，开展了拓展试验。服务舱拓展试验的目的主要是验证近月制动和交会对接远程导引等相关飞控过程，进行采样区地形地貌遥感探测和搭载设备在轨试验，同时开展地月系统第二拉格朗日点探测活动，为地月平动点研究和利用提供实际飞行数据，并为未来月球和深空探测积累测控经验。

2014 年 11 月 9 日和 17 日，服务舱先后完成绕地大椭圆轨道远地点变轨控制和近地点变轨控制，继续按照预定地月转移轨道飞行。21 日实施地月转移轨道中途修正控制。23 日到达近月点，并实施月球借力轨道机动控制，飞向地月第二拉格朗日点。27 日，服务舱进入地月第二拉格朗日点的李萨如轨道。28 日，服务舱独立飞行 28 天，在距地球 42.1 万千米、距月球 6.3 万千米的地方开展试验，状态正常。

2015 年 1 月 4 日，服务舱保持能源平衡，状态良好，地面测控捕获及时，跟踪稳定，飞行控制和数据接收正常。服务舱完成环绕地月系统第二拉格朗日点的拓展试验，然后实施逃逸机动，飞离地月第二拉格朗日点。在环绕地月第二拉格朗日点拓展试验期间，服务舱启动相机对地球、月球进行了多次拍摄，取得了不同角度的清晰地月合影图像。

2015 年 1 月 11 日，服务舱到达近月点，实施第一次近月制动；12 日进行第二次近月制动；13 日完成第三次近月制动控制，进入倾角 43.7 度、高度 200 千米、周期 127 分的环月圆轨道。3 月，服务舱完成第三阶段拓展试验，模拟嫦娥五号上升器与轨道器在月球轨道交会对接之前的飞行控制过程，检验轨道设计和交会方案。最后，9 月 2 日，再入返回飞行器服务舱同时采用双分辨率相机的宽视场相机和窄视场相机，完成对嫦娥五号预定采样区遥感成像飞行任务。成像时，服务舱飞行高度距月面 30 千米，拍摄了预设采样着陆区的地形地貌。

首次再入返回飞行试验的圆满成功，为确保完成嫦娥五号月球探测器采样返回的战略目标打下了坚实的基础。

探月三期再入返回飞行试验返回器

嫦娥四号登陆月球背面

嫦娥四号原是嫦娥三号探测器的备份器，因而其设计、制造、结构和性能上与嫦娥三号基本相同。假若嫦娥三号在月球朝向地球的一面软着陆不成功，完不成“绕、落、回”三步走的第二阶段的任务，就将嫦娥四号有针对性地改进后继续实施相同的落月探测任务。令人可喜的是，嫦娥三号探测器的任务已经顺利完成，因此探月专家就想用嫦娥四号去完成一些新的任务。于是，让它在月球背面着陆的使命应运而生。

按照开拓创新和便于科学研究以及承担有一定难度任务的主体思路，经过各方面专家一年多的科学论证，才选择嫦娥四号在月球背面着陆，同时决定 2018 年发射这个世界上首次在月背着陆并进行一些就地探测活动的航天器。嫦娥四号在月球背面登陆，地面则无法直接测控着陆过程和月面就位及巡视探测，所以需要先发射一颗数据中继卫星到地月第二拉格朗日点，让月球处于地球和中继卫星之间，以解决地球与月球背面的通信问题。2018 年 5 月 21 日，嫦娥四号中继卫星鹊桥卫星发射升空，进入近地点 200 千米、远地点 40 万千米的地月转移轨道。经过 4 天多的飞行和 3 次中途修正，鹊桥卫星到达离月面高度约 100 千米的近月点。经过近月点制动后，在 21 天内进行了 2 次中途修正和 3 次捕获控制，鹊桥卫星进入地月第二拉格朗日点，为嫦娥四号探测器搭建起一座从地面到月球背面 40 多万千米的通信“桥梁”。鹊桥号中继星基于 CAST100 卫星平台设计，发射质量约为 448 千克，设计工作寿命不少于 3 年。

与嫦娥三号相比，由于任务的改变，就嫦娥四号携带的有效载荷做了一些调整和变动。首先是保留和嫦娥三号一样的载荷着陆器上的降落相机、地形地貌相机，巡视器上的全景相机、测月雷达、红外成像光谱仪，其次是去掉的载荷，包括着陆器上的月基光学望远镜、极紫外相机，以及巡视器上的粒子激发 X 射线谱仪；再次是新增加的载荷，包括着陆器上的低频射电频谱仪中性粒子辐射剂量探测仪、巡视器上的中性原子探测仪和搭载在中继星上的低频射电探测仪。

利用月球背面屏蔽地球无线电干扰的独特条件，即地球磁场对它的干扰很小的环境，开展空间科学领域最前沿的低频射电天文观测，有望填补国际空白。这也就是说，嫦娥四号能在月球背面的平静区域开展对太阳和其他天体的科学观测，成为射电天文学和其他相关科学研究的平台。同时月球背面保存着很多最古老的月壳岩石，嫦娥四号对其开展地质特征调查，中共中央、国务院、中央军委在贺电中提出了“追逐梦想、勇于探索、协同攻坚、合作共赢”的探月精神。有望在国际上首次建立集地形地貌、浅层结构、物质成分于一体的综合地质剖面和演化模型，获得对月球早期演化历史的新认识，更深入地了解月球的现实状况。从深空探测来说，这都有重要的科学价值。

2018 年 12 月 8 日，嫦娥四号月球探测器发射升空，踏上飞往月球背面探测新征程。12 月 12 日，嫦娥四号月球探测器抵达月球，进入近月点 100 千米的环月轨道，在 100 千米的固定轨道上运行。2019 年 1 月 3 日，嫦娥四号探测器从距离月面 15 千米处开始实施动力下降，探测器的速度从相对月球 1.7 千米每秒逐步下降。在 6 ～ 8 千米处，探测器进行快速姿态调整，不断接近月球；在距月面 100 米处开始悬停，对障碍物和坡度进行识别，并自主避障；选定相对平坦的区域后，开始缓速垂直下降。2019 年 1 月 3 日 10 时 26 分，嫦娥四号探测器成功着陆在月球背面南极 - 艾特肯盆地冯 • 卡门撞击坑的预选着陆区。11 时 40 分，着陆器获取了世界第一张近距离拍摄的月背影像图并传回地面。随后，嫦娥四号着陆器与玉兔二号巡视器分离，玉兔二号月球车驶上月面，着陆器上监视器相机拍摄下玉兔二号在月面留下第一道痕迹的影像图。嫦娥四号探测器开始人类首次在月球背面的科学考察活动，开启了人类探月的新篇章。

嫦娥五号登月采样凯旋

嫦娥五号探测器

发射嫦娥五号探测器到月球，突破月面采样、月面上升、月球轨道交会对接和接近第二宇宙速度再入返回四项核心关键技术，实现无人自助采样返回地面的探月第三步目标。2020年11月24日，嫦娥五号探测器从海南文昌航天发射场用长征五号运载火箭发射升空，被准确送入地月轨道，揭开了首次地外天体无人采样返回任务的大幕。

嫦娥五号探测器重8.2吨，由着陆器、上升器、轨道器、返回器和交会对接机构、自主采样机构组成。嫦娥五号发射入轨后，经过两次近月制动，从椭圆环月轨道进入近圆形环月轨道。10月1日，嫦娥五号探测器成功着陆在月球正面西经51.8度、北纬43.1度的吕姆克山脉以北地区，并传回着陆影像图。11月30日，探测器着陆器和上升器组合体与轨道器和返回器组合体顺利分离，随后，探测器实施成功着陆。动力下降，并进行快速姿态调整，逐步接近月表。12月2日，嫦娥五号探测器完成月球表面自动采样，在月面两米以下钻取收录了约两公斤的月壤样品，并封装在携带储存装置中，然后飞升到环月轨道上的轨道器和返回器组合体交会对接，最后将月球样品转移到返回器。12月12日，嫦娥五号轨道器和返回器组合体进入月地转移轨道踏上归途。12月17日，嫦娥五号返回器在内蒙古四子王旗着陆场返回地面，从月球带回了1731克月球土壤样品，嫦娥五号登月采样凯旋，中国成为世界上继美国、前苏联之后，第三个实现登月采样返回的国家。

月球样品

中国航天首次完成地外天体采样，首次开展月球轨道交会对接、首次携带样品高速载入返回地球，中国经过 16 年的努力，圆满完成了探月工程“绕、落、回”三步走任务的目标。习近平总书记代表党中央、国务院和中央军委致电指出：“嫦娥五号任务作为我国复杂度最高、技术跨度最大的航天系统工程，首次实现了我国地外天体采样返回。这是发挥新型举国体制优势攻坚克难取得的又一重大成就，标志着中国航天向前迈出的一大步，将为深化人类对月球成因和太阳系演化历史的科学认知作出贡献。”

2021 年 2 月 22 日，习近平总书记在会见探月工程嫦娥五号任务参研参试人员代表并参观月球样品和探月工程成果展览时指出：“17 年来，参与探月工程研制建设的全体人员大力弘扬追逐梦想、勇于探索、协同攻坚、合作共赢的探月精神，不断攀登新的科技高峰，为人类科学利用太空作出新的更大贡献。”

长征五号运载火箭发射

天问一号在技术厂房

天问一号传回首幅火星图像

第八章　火星探测踏上新征程

2020 年 7 月 23 日，中国天问一号火星探测器携带首台火星车在海南文昌发射场，用长征五号运载火箭发射，历经地火转移、火星捕捉、火星停泊、离轨着陆等飞行阶段，飞行 3.6 亿千米，飞往火星执行首次火星探测任务。这次任务将通过“环绕、着陆、巡视探测”三步目标实施一次完成。我国成为世界上第二个独立掌握火星着陆、巡视、探测技术的国家。

天问一号探测器重约 5 吨，由环绕器、着陆器和巡视器组成，其中着陆巡视器又由进入舱和火星车组成，进入舱完成火星进入、下降和着陆。截至 2021 年 8 月 15 日，祝融号火星车在火星表面运行 90 个火星日（约 92 个地球日），累计行驶 889 米，所有科学载荷开机探测，共获取约 10GB 原始数据，祝融号火星车圆满完成既定巡视探测任务。

2021 年 2 月 10 日，天问一号探测器经过 202 天飞行约 4.75 亿千米，抵达火星近火点 400 千米的轨道，2 月 5 日，传回首幅火星图像。2 月 24 日，天问一号探测器实施第三次近火制动，进入近火点 280 千米，远火点 5.9 万千米、周期为 2 个火星日的火星停泊轨道。5 月 15 日，天问一号探测器在火星乌托邦南部降落着陆成功。

天问一号探测器着陆火星后，祝融号火星车行驶上火星表面开始巡视探测。祝融号火星车像一只蓝色蝴蝶，4 只翅膀是用于能源供给的太阳能电池板，车重 240 千克，长 3.5 米、宽 3.2 米、高 1.85 米，携带多光谱相机、火星表面成像探测仪等六台科学仪器。它在火星表面进行 90 个火星日的巡视探测，并通过火星上空的环绕器拍摄图像和探测数据传回地球。2021 年 6 月 11 日，天问一号探测器着陆火星首批科学影像图发布，标志着我国首次火星探测任务取得圆满成功。

2021 年 8 月 15 日，祝融号火星车在火星表面运行 90 个火星日，累计行程 889 米，圆满完成既定的巡视探测任务。天问一号火星探测器首次实现了地火转场轨道器发射、地外行星际发射、地外行星软着陆、地外行星表面巡视探测，太空 4 亿公里距离的测控通信、获取第一个火星科学数据，不仅在火星上首次留下了中国人的印迹，而且首次实现了通过一次任务完成火星环绕、着陆和巡视探测三大目标。习近平在贺电中指出：“天问一号探测器着陆火星，迈出了我国星际探测征程的重要一步，实现了从地月系到行星际的跨越，在火星上首次留下了中国人的印迹，这是我国航天事业发展的又一具有里程碑意义的进展。”

结束语

我国航天事业从1956年10月成立国防部第五研究院，到2016年11月新一代大推力运载火箭长征五号发射圆满成功，再到2020年6月建成北斗全球卫星导航系统；2020年11月嫦娥五号探测器发射成功；2021年4月中国空间站天和核心舱进入太空飞行，2022年11月，由三舱组装的空间站T字基本构型在轨建成，已走过了67年的艰难而辉煌的历程。中国航天人依靠自主创新，拼搏奋斗，取得了以“两弹一星”、载人航天、月球探测三个里程碑为标志的卓越成就，2020年7月23日发射成功天问一号踏上探测火星的新征程，独立自主地走出了一条中国特色的创新发展道路，在世界高科技领域占据了一席之地。

67年来，我国航天科技工业从无到有、从小到大、从弱到强，跨越发展，提升水平，取得了丰硕成果。导弹武器装备技术进入国际先进行列，有力地增强了维护国家主权和世界和平的能力；运载火箭和卫星技术达到国际先进水平，有力地提升了我国科技的整体实力；航天技术应用不断创造新的效益，有力地推动了经济社会发展；载人航天技术和月球探测技术跻身世界前列，有力地增强了综合国力和提升了国际地位。我国航天事业在创业中起步，在探索中发展，在改革中腾飞，在创新中跨越，不仅在航天科技工业的许多领域取得举世瞩目的成就，不断创造航天新纪录，而且造就了一支技术精湛、作风优良的航天人才队伍，培育了具有鲜明时代特色的航天传统精神、“两弹一星”精神和载人航天精神，以及新时代北斗精神和探月精神，为增强我国的经济实力、科技实力、国防实力和民族凝聚力，为维护国家安全、促进经济发展、推动社会进步做出了重要贡献。

我国航天事业67年的建设和发展，创造积累了十分宝贵的经验，概括起来主要有以下几个方面。

一是坚持在党中央的正确领导下，从国家需要和国情出发，走中国特色的创新发展道路。全国各行各业大力协同，把最先进的科技成果和最优质的产品应用到航天领域，充分利用国内的材料、技术和产品，按照系统工程的科学方法和严密的质量保证体系进行系统集成。遵循研制规律，充分论证和试验，做到“少花钱、办大事”，力求又快又好发展。

二是坚持以自主创新为战略基点，牢牢掌握航天技术发展的主动权。通过独立自主、自力更生，打破技术封锁和限制，攻克核心技术和关键技术，形成一大批具有自主知识产权的创新成果，不断提升航天自主创新的水平。

三是坚持管理创新，实行系统工程方法，形成有利于航天事业创新发展的管理体系。航天工程管理从建立总设计师和总指挥两条指挥线，到全面实施计划协调管理、项目管理、零缺陷管理，创造性地应用系统工程方法，形成科学严密的组织管理体系，以及整体优化、系统协调、环境适应、风险管理、质量保证等系统工程的核心理念，建立了航天产品质量监督的管理体系。

四是坚持以人才为第一资源，培养造就创新型人才队伍。人才是推动航天自主创新和跨越发展的决定性因素，高度重视人才培养，从人才规划、制度建设、政策引导、环境优化入手，不断创新人才工作机制，大力营造激励创新人才成长环境，不断涌现出一批又一批创新科技人才，培养出一代又一代高素质、高水平的航天科技队伍。

五是坚持弘扬航天精神，形成有利于航天事业发展的文化氛围。伟大的事业孕育伟大的精神，伟大的精神成就伟大的事业。我国航天事业在发展过程中，积淀和锤炼形成了航天传统精神、“两弹一星”精神、载人航天精神、新时代北斗精神和探月精神。这些航天精神是中华民族伟大精神的发扬光大，是爱国主义、社会主义和科学精神的生动体现，反映了航天人的品格风貌，体现了时代的要求，是激励人们报效祖国、献身航天事业的强大动力。中国航天人始终以国家利益为最高需要，以人民利益为最高需求，以发展航天事业为崇高使命，以报效祖国为神圣职责，勤于探索，勇于创新，乐于奉献，不懈奋进，创造了一个又一个人间奇迹。

2016 年 12 月 27 日，国务院新闻办公室发表的《2016 中国的航天》白皮书指出：“未来五年，中国将加快航天强国建设步伐，持续提升航天工业基础能力，加强关键技术攻关和前沿技术研究，继续实施载人航天、月球探测、北斗卫星导航系统、高分辨率对地观测系统、新一代运载火箭等重大工程，启动实施一批新的重大科技项目和重大工程，基本建成空间基础设施体系，拓展空间应用深度和广度，深入开展空间科学研究，推动空间科学、空间技术、空间应用全面发展。”在新的历史时期，中国航天瞄准世界高科技发展的最前沿，将集中力量，集智攻关，重点发展新一代运载火箭、北斗卫星导航系统、高分辨率对地观测系统，实施载人航天三期和月球探测三期的任务，开始踏上探测火星的新征程，把中国航天事业推上一个新的发展高度，让中国航天技术的发展在造福人民、维护和平的事业中发挥更大的作用，谱写中国航天事业发展新的壮丽篇章。

中国航天任重道远，使命光荣。习近平总书记指出：“探索浩瀚宇宙，发展航天事业，建设航天强国，是我们不懈追求的航天梦。”他还表示：“航天梦是中国梦的重要组成部分，随着中国航天事业的快速发展，中国人探索太空的脚步会迈得更大、更远。中国航天人站在了新起点，跨越新征程，瞄准新目标，将继续拼搏、开拓创新、抢占攀登世界航天技术的制高点，保持在国际航天事业中占据的一席地位，迎头赶上世界先进水平，为实现航天强国梦做出更大贡献。”

后 记

2016年4月24日是中国第一颗人造卫星东方红一号上天遨游46周年的喜庆日子。值此之际，国家把今后每年4月24日设立为“中国航天日”，让全民尤其是青少年铭记历史，传承精神，激发崇尚科学、探索未知、敢于创新的热情，为实现我们的航天梦、强国梦、中国梦而不懈奋斗。

习近平总书记在首个航天日指出，探索浩瀚宇宙，发展航天事业，建设航天强国，是我们不懈追求的航天梦。经过几代航天人的接续奋斗，我国航天事业创造了以“两弹一星”、载人航天、月球探测为代表的辉煌成就，走出了一条自力更生、自主创新的发展道路，积淀了深厚博大的航天精神。

我们编写这本《中国航天简史》就是希望通过比较准确、真实、全面地反映中国航天事业67年创造的“辉煌成就”、走过的“发展道路”和积淀的“航天精神”，让读者更好地认识和了解我国航天事业发展的面貌。

本书编写过程中，参考了《中国航天报》《中国航天》《太空探索》《国际太空》等报刊上的有关文章，以及《当代中国的航天事业》等图书，感谢南勇、田锋、秦宪安、张贵明、吴国兴、邸乃庸、张贵玲、张彧、田奕、林巧英、张旭明、张淑芳等提供图片资料，同时本书的编写与出版得到中国宇航学会和中国宇航出版社的帮助和支持，高博特信息科技（北京）有限公司和北京神飞航天应用技术研究院为本书的出版提供了资助，我们衷心地致以谢意。本书由2016年推迟到2023年出版，为此增补了近几年来中国航天事业新的发展情况。由于编者的水平和收集的资料有限，书中恐难有不妥或错误之处，敬请批评指正。